府城的美味時光

台南安閑園的飯桌

辛永清

劉姿君 譯

安閑園の食卓：私の台南物語

聯經文庫
府城的美味時光：台南安閑園的飯桌

2012年12月初版　　定價：新臺幣340元
2022年5月初版第七刷

著者	辛永清
譯者	劉姿君
叢書編輯	林亞萱
校對	呂佳真
整體視覺	許晉維
內文排版	林淑慧
插頁繪圖	鄒治桂

出版者	聯經出版事業股份有限公司
地址	新北市汐止區大同路一段369號1樓
叢書主編電話	(02)86925588轉5305
台北聯經書房	台北市新生南路三段94號
電話	(02)23620308
台中分公司	台中市北區崇德路一段198號
暨門市電話	(04)22312023
郵政劃撥帳戶	第0100559-3號
郵撥電話	(02)23620308
印刷者	世和印製企業有限公司
總經銷	聯合發行股份有限公司
發行所	新北市新店區寶橋路235巷6弄6號2F
電話	(02)29178022

副總編輯	陳逸華
總編輯	涂豐恩
總經理	陳芝宇
社長	羅國俊
發行人	林載爵

行政院新聞局出版事業登記證局版臺業字第0130號

本書如有缺頁，破損，倒裝請寄回台北聯經書房更換。　ISBN　978-957-08-4110-7 (平裝)
聯經網址 http://www.linkingbooks.com.tw
電子信箱 e-mail:linking@udngroup.com

內文照片由辛家家族和南台科技大學通識教育中心陳能治、葉瓊霞提供。

國家圖書館出版品預行編目資料

府城的美味時光：台南安閑園的飯桌
/辛永清著．劉姿君譯．初版．新北市．聯經．
2012年12月（民101年）．264面＋32面彩色冊子．
14.8×21公分（聯經文庫）
ISBN　978-957-08-4110-7（平裝）
[2022年5月初版第七刷]

1.飲食　2.文集

427.07　　101023777

中文版序

辛正仁（作者辛永清之子）

今年九月，為與協助製作書中食譜的飯店開會，我和聯經出版公司編輯部的林載爵先生、林亞萱小姐同赴台南。依照預定計畫，會後我便立即帶兩位前往安閑園舊址。然而，我平日住在日本，少有機會到台南郊外為祖先掃墓，因此便厚顏提出要求，趁機去掃墓。儘管初次見面，兩位編輯不僅爽快陪同前往，甚至幫忙打掃，待我如同家人。我向母親的骨灰罈合十報告：「因為這幾位的幫忙，《府城的美味時光：台南安閑園的飯桌》中文版就要在台灣出版了。」不知為何，我這才感到也許這樣總算讓母親的靈魂回到了她所深愛的故鄉台灣。

安閑園，是辛家一族曾經居住的一處占地廣大的宅院。一九五五年，母親以二十二歲的芳齡結婚移居日本。在此之前多愁善感的少女時代，便是在這個安閑園中度過的。母親在平靜無奇的日常生活中，拾起了一個又一個寶貴的回憶。

來到日本不久，母親便選擇了獨立生活，不知不覺中，開始藉由將幼時熟見的故國家庭料理傳授給日本的餐桌作為生計。日後，母親更活躍於電視、雜誌，在日本也成為知名料理研究家之一，但其實在無親無故的異國，一個母親帶著一個孩子過日子絕非易事。此時，支撐著母親的，是安閑園中的寶貴回憶。而且，母親也經常在年幼的我的枕畔，將安閑園的回憶說給我聽。

安閑園是一座多麼廣大的宅院，庭園的綠意，果園、菜園的收穫是多麼豐碩，傭人們多麼魅力十足，出入的商販多麼有趣，祖父是多麼心胸寬大又了不起，祖母是多麼高雅、嚴格又溫柔。

後來，母親也開始在演講中與聽眾分享安閑園的回憶，一則則的插曲有如精雕細琢的寶石般逐漸綻放出美麗的光芒。於是，一九八六年，在聽過母親演講的作家本間千枝子女士強烈推薦下，《府城的美味時光》由文藝春秋出版。初版當時，《府城的美味時光》獲得許多日本知識分子的好評。然而，不知為何，很遺憾地，才一刷便絕版了。

如今回想起來，一九八六年日本正處於泡沫經濟的最盛期。或許是因為在那個時代人人都夢想著一夜致富，沒有人會珍惜書中所描述的那些日常生活的心頭點滴吧。母親極希望本書能夠再版、推出文庫版，但終究未能在生前實現這個願望，於二〇〇二年驟逝。我從未料到母親竟這麼快便撒手人寰，懷著未能盡孝的贖罪之念，等候著本書推出文庫版的時機。

到了二〇一〇年，這回是經由初版當時便成為本書熱情讀者的作家林真理子女士強力推薦，由集英社推出了文庫版。二十五年後在日本的再版口碑相傳，出版僅半年便再刷。六十多年前生活於台灣南部大戶人家人們的日常生活、舉止，在歷經多年後，於日本讀者心中點起了一盞小小的燈火。

此刻，日本面臨看不到出口的經濟低迷，更遭到前所未有的災害打擊，每個人都在黑暗中煩惱、掙扎、痛苦著。於是開始深思：「對人而言真正重要的是什麼？」我想，正是人們心中的這些變化，讓本書在此時重新問世的吧。

本書原本是為了日本讀者以日文書寫的散文。而且初版當時，母親並未考慮在台灣出版。我想，一九八六年當時的台灣，的確無法瞭解本書的真意。那麼，對如今的台灣讀者而言，本書將會具有什麼樣的意義？出版在即，我心中既有不安，也有期待。想必天國的母親也懷著同樣的心情。

歷經了漫長的旅程，《府城的美味時光》終於回到了故事的出生地台灣。在此，我要對曾經惠予協助的多方人士致上最深的感謝。前文曾提到的，最初看出母親回憶價值的本間千枝子女士，大力推動此書出版文庫本的林真理子女士，讓台灣出版得以實現的林載爵先生、林亞萱小姐，於報章雜誌中撰寫書評的記者與書評家，在網路部落格上發表感想的眾多讀者，以及，拿起《府城的美味時光》中文版的您，我代替天國的母親，由衷地謝謝各位。

二〇一二年十月

府城的人・情・味

林載爵（聯經出版公司發行人）

南國的清晨一如往常的明亮，賣花女的叫賣聲首先劃破一晚的寧靜，婦女晨起梳髮髻時，插上了新鮮的茉莉花。賣花女走了之後，來的是賣醬蜆的、賣醬菜的、賣現撈清燙貝類的，這是每戶人家早餐飯桌上的食物。到了中午，挑賣的是米粉湯、豬血湯、鹹粥、清粥。下午則是賣點心、甜品，晚上賣的是肉包、水果、杏仁豆腐。夜深之後，賣的是整套的下酒菜，烤雞、滷鯊魚肉、水煮螃蟹、肉丸等等。這些不同的小販，從早到晚，來往於台南的街道上，不同的叫賣聲為府城注入了盎然的生氣。

一家之主的生日是家族的大事，大家都會回家團聚。這個祝壽的儀式從祭拜天公的前一天晚上開始，快到午夜時，女人會先洗澡，再換上全新的衣服，在頭髮上插上芳香的茉莉花，戴上珠寶。到了午夜零時，大家齊聚佛堂。佛堂的燭光、珠寶的閃耀、茉莉的香氣，滿室光華。誦經後向神佛祝禱，此時已是凌晨二時。隔天一早，由長至幼依序到父親面前，跪在紅綢跪墊上，向父親祝壽，接下來全家共享「什錦全家福大麵」。

辛永清在這本書裡將一九三〇年代到一九五〇年代台南的飲食文化與生活禮儀，描述得異常生動。這是一個不但已經消失，而且又被我們忘懷的生活世界，因為辛永清的這本書，讓我們有機會追憶並懷念一段逝去的時光。辛永清生於一九三三年，台南長榮女中畢業後，一九五五年到日本武藏野音樂大學的附屬課程學習鋼琴，後來竟然改行教起烹飪。她以高貴的教養、優雅的氣質、美味的烹調，在日本成為中華料理的代言人。一九八六年，她將以她成長的台南安閑園為中心，延展開來的台灣風俗與飲食生活的經驗記錄下來，出版了這本書。她不僅寫下了安閑園飯桌上的食物，更記錄了整個台南的飲食習慣。不僅敘述了安閑園內的人事點滴、禮儀教養，更描繪了安閑園內外的人際交往、人情世故。不僅談論個人的生活，更襯托了安閑園所依附的歷史轉折。

安閑園的建立者是辛永清的父親辛西淮。他在日本殖民統治時期歷任通譯、巡吏、庄長、區長，擔任基層行政工作二十四年，獲佩紳章，在區長任內創辦了安南區第一所小學。之後，擔任台南市協議會議員、州議會議員等民意代表，一九四五年被任命為最後一屆總督府評議會會員。他也是實業家，創辦台灣輕鐵株式會社、台灣機械工業株式會社、台南自動車工業株式會社等交通運輸業。他熱心社會公益，出資贊助各項慈善與宗教活動，一生兼具政治人、企業人與社會人三種身分。

在辛永清筆下，她刻畫了一個虔誠的佛教徒，每日必上佛堂誦經行禮；一個至孝之子，每個星期天必定召集家族到墓園掃墓；一個嚴守禮儀規範的大家長，凡事不可逾矩。對於為殖民者服務一事，辛永清特別提到她祖母給她父親的開示：「有時人是無法違抗歷史的。」辛西淮是在考慮到如何在巨大的歷史漩渦中保護台灣人民這一點才進入基層行政工作，然後又成為民意代表。但是，辛西淮堅持固守中國傳統文化，在皇民化時期，仍然堅守家名、宗教，以及代代相傳的傳統儀式。辛西淮的信念是，無形的命運有時會迫使人們陷入悲哀的處境，但人們應該彼此相愛，互相著想。這樣的父親在戰爭結束那天關在佛堂裡哭了，哭著說祖國終於回來了。但是，一九四六年五月，他卻毫無緣由的被警備總部拘押了五個月。此後，避開政治，致力於慈善公益，參拜大道公、巡守墓園，到西華堂、法華寺吃齋禮佛。台灣歷史的轉折在辛西淮的一生完全顯現了出來。

辛永清以細膩的記憶，寫下了她在安閑園的成長經歷。父親的生日是如何過的？四姊的婚禮是如何舉行的？年菜是如何準備的？過年是如何進行的？佛堂的禮儀是如何奉行的？細節的鋪陳，生動又詳細，儼然已是一部最好的家族生活史。在這些描述中，我們又看到了教養作為一種品德又是如何在家教中養成。這個大家族每次用餐都有二十個人左右，辛永清母親的原則是，飯桌上的事情不勞煩傭人，而是由家人自己動手，傭人幫忙把菜送到飯廳入口，接下來便都是辛家姊妹的工作，換盤子、加湯之外，還要好好吃飯，參與對話。每個人都要節制，因為要留下一些分量給所有傭人享用。

辛永清對人情世故的旁觀細察，更是本書另一精采之處。本書的出場人物珠寶婆，以極戲劇性的方式走進安閑園，在東家長，西家短的閒談中，夾雜著互不相讓的討價還價，人情與買賣兼顧，這樣獨特的交易方式，在辛永清筆下格外生動有趣。惠姑周旋在喜歡在外拈花惹草的先生與如美人般的姨太太之間，其大方、圓融、豁達的處世哲學，令人讚嘆一個舊時代女性的人生智慧。在法華寺帶髮修行的紅桃姑，在掌理素食大宴上的籌謀調度，讓人敬佩。她眼神活力洋溢，看著她工作，就好像在看舞台上表演的人，美得令人不由得看得出神。手藝之巧，盛盤之美，在在令人嘆為觀止。在南台灣的夜空下，王爺爺以閩南話朗讀《三國演義》，每個人聽得出神，彷彿連出場人物的氣息都聽得到，大家忘了時間，掉進了書的世界，這是何等美妙的情境。這些人與事組成了府城文化的特有氛圍。

書中所有的故事當然都是從安閑園的飯桌串連起來的。辛永清憑藉著幼時出入廚房的記憶，將安閑園的每道菜都記錄了下來。安閑園講究在地與當令食材，並配合不同節慶與場合，做出不同的菜餚。從備菜到烹調，都有一套步驟和方法，絲毫不得馬虎。更特別的是，因為辛西淮是虔誠的佛教徒，有吃素齋的習慣，所以又留下了早年台灣素食料理的紀錄，彌足珍貴。全書每個篇章從故事中延伸出來的菜餚，總合不下百道。這些辛家家傳的獨門私房菜譜，是台灣飲食史極為罕見的材料。台灣飲食的歷史有待更深入的挖掘，從這一點看，辛永清所記錄下來的安閑園食譜顯然是本書最重要的價值。

辛家的歷史、安閑園的際遇，以及辛永清個人的一生經歷，配合著一道道菜餚背後的故事，構成一部絕無僅有的上世紀台灣生活史。書中有人情百態，有生活風貌，有珍饈佳餚，有地道小吃，更有人生滄桑。讀來有溫暖、喜悅，有追思、回憶，也有感嘆、遺憾。我曾在台南居住十三年，青春的夢想在那裡萌芽、成長，讓我在讀這本書時格外感動。兩年前在東京的書店意外發現這本書，如今有機會在台灣出版，並因為這本書的出版而有機會結識辛永秀教授及亞朱華教授，更是我個人出版生涯中極為珍貴的緣分。

目次

前言

三月下旬，我因為烹飪講習工作的關係，展開了一趟小旅行。這次烹飪講習的對象是大學教授和烹飪學校的老師。那天，我結束在四國的工作，前往下一個講習地點，飛機因瀨戶內海起霧而停飛。我聽說渡輪沒有停駛，連忙趕往港口。

天空白茫茫的，海也白茫茫的，從甲板往下望，唯有正下方的海面捲起深灰色的海浪。船在霧濛濛的海上，響著汽笛緩緩前進，我置身於船的震動中，不由得想起近五十年前幼時的乘船之旅。也由於我近來一直撰寫孩提時代在台灣的種種，那次航海格外鮮明地在我心中復甦。

父親因商務之故，不知在日本與台灣之間往返了多少次，每次都會帶一兩個姊姊或嫂嫂作伴，我年紀雖小但聽話不需特別照顧，因此小學一年級的暑假，也讓我跟著姊姊們同行。當時跑日本航線的船，不是高千穗丸就是高砂丸，大船上都有著金碧輝煌的大廳和甲板泳池，非常豪華。每當父親要搭乘的船入港，我都會上船，趁著船還沒出港前到處玩耍，因此我心中也嚮往著，希望有一天自己也能搭船到日本。

我並不確定是在下關還是神戶靠港的，但我們是搭火車到東京的。父親去工作，我們則是遊賞日光、京都等地。即將回國前的某一天，我們到百貨公司買禮物。我想應該是日本橋的三越。我們在一個寬敞、擺設雅致的會客室之類的地方，父親一一下單，好幾名店員進進出出，把東西備齊。當時父親為我買的白色涼鞋，其實穿起來有點磨腳會痛，但我非常喜愛，一直穿了兩年，直到皮帶斷了壞掉為止。大型的禮物大概是在橫濱裝船的吧，一回到台灣，同時也從船上卸貨，堆在我家的客廳裡。日後再度來到日本的我，與百貨公司的會客室完全無緣，都是買了一點東西就離開，但我也曾仰望著大樓窗戶，心想孩提時代曾一度目睹的那個房間不知還在不在？又位於這座巨大建築物裡的哪裡呢？

那次的乘船之旅，是海天一色碧青、晴空萬里的夏日，但在春天濃霧包圍的瀨戶內海上，不辨東西南北，任由船隻載著我前行，竟幾乎有種自己又重回童年，隨著父親和姊姊們初次前往日本的錯覺。

那次的初航，或許就此注定了我前來日本生活的命運。相信命運的我是這麼思考的。三十多年前，以新嫁娘的身分來到日本的我，生了一個孩子、離婚，靠著教授鋼琴和烹飪，就這麼在東京定居至今。

直到幾年前，我都還以為等孩子在經濟上和精神上等各方面都不再需要我之後，我遲早會回台灣。但到了年過半百、年老已經不遠的現在，我開始認為就這樣在這裡老去又何妨？

三十多年前的日本和現在大不相同。路上的行人，在我眼裡看來，和我們明顯不同，讓我深深感到自己來到了異鄉。姑且不論橫濱、神戶的中國街這些地方，當時雖然處處都有拉麵店，但能提供道地中華料理的餐廳十分有限。

現在又是如何呢？各地不但有中華料理，連各式各樣的異國料理餐廳都找得到。近幾十年來，應該沒有哪個國家的飲食生活像日本變化這麼大。就連一般家庭的餐桌上，也會出現法國菜、義大利菜、俄國菜、西班牙菜等等，不但會做印度咖哩，也會做回教的烤羊肉串。現今的日本家庭料理發展出的飲食文化面向之廣，恐怕已居世界之冠。

不知是否受飲食生活改變的直接影響，最近日本年輕人的長相不同了。我覺得近似歐美人的大眼睛、高鼻梁面孔似乎越來越多。反過來，細看故鄉台灣的年輕人，儘管不如日本明顯，但一直以來的純東方長相似乎也慢慢轉變為西方臉孔。或許這不單單是飲食，而是生活全面西化的現象（如今這幾乎已經與現代化成為同義詞，不斷改變我們的生活），使得東洋人越來越接近西洋，日本人和台灣人都同樣因此而逐漸失去各自的特色。而改變的不止是長相，恐怕感性與精神也都漸漸有所不同了吧。來自於台灣卻生活在日本的我，比身在台灣的台灣人、身在日本的日本人，更能仔細地看出彼此間的這種變化。

看來二十出頭離開台灣後，在日本生活了三十多年的我，似乎仍是三十多年前的台灣人。因為喜愛日本，認為日本和祖國一樣，不，日本恐怕比祖國更應是自己的歸屬，所以才一直留在東京，但在這樣的感情之外，身為一個生活在異鄉的外國人，為了不失去自我，畢竟會強烈意識到自己誕生之地的風俗習慣與自己所背負的文化。對我而言，那便是我生長了二十年的故鄉：台灣台南這個南方之城的蔚藍青空、翠綠田園。

不知不覺，在日本的日子已遠遠超過在台灣度過的歲月。近來不時想起台灣的種種，是因為東京和當時的台灣實在太過不同嗎？或者是我已經到了動不動就話當年的歲數了？我不敢有成為雙方文化橋梁的雄心壯志，但我之所以想將個人對於台灣的風俗、飲食生活的經驗記錄下來，是因為我知道，就連在台灣這些也漸漸消失了。

沒有人能夠離開自己生長的文化。我個人的經驗遠在其次，我只希望能藉此讓更多日本人知道，在浩瀚的中國文化中，曾有過這樣形式的東西。一名台灣女子以台灣人的身分生活在日本街頭，令我深知看似同樣的外表下也可能存在著不同的文化。讓日

辛永清攝於安閑園裡的房子前，洋溢著花樣年華的青春。

本的讀者瞭解這一點，絕對不是壞事。

說起來，書中介紹的點點滴滴都是我微不足道的個人經驗。把隨時隨地浮上心頭的事情記下來，就成了這些文章。我向來不以記憶力見長，但一則則回憶太過鮮明，甚至連我也感到驚訝。我曾向年齡相近的妹妹問起，其中有幾件事妹妹當時應該也在場，但她卻說完全沒印象。反而一臉不可思議地對我說：「妳竟然連這些都記得。」

假如這本書還有一點價值，那麼我想價值就在於此。我比妹妹記得更清楚，恐怕是因為當時我看得更專注。我有個習慣，就是會一直專注地看著、守著一件事物，再小也不放過。簡單地說，就連我現在賴以維生的烹飪教學，也不是正式到學校去學的，而是在家中廚房專注地看著母親和傭人們做菜而習得的。

「安閑園」是位於台南市郊的宅邸，我在那裡度過了大部分的童年時光。與日本京都相比，台南市另有一番風味，但同樣是充滿濃濃歷史色彩的古都。這裡的街道沉靜而美麗，鄭成功在中國大陸敗於清軍後、來台避居的古城，也安然留存。

我的青春期、青春時代等所謂最多愁善感的時期，都是在那裡度過的。在南國，時光悠悠。也許是因為當時年紀小才這麼覺得，但安閑園裡的日日都新鮮，時光刻畫下種種事物，靜靜流逝。

食物是如此，連孩子的教育也是如此，令我感慨萬千，與現在什麼都要求速成的日本是多麼的不同啊！「所以日本（人）應該……」我完全沒有這樣的意思。如前所述，台灣儘管不同於日本，但也在不斷地發生劇烈的變化。舉個現成的例子來說，廣闊的辛家墓園如今大部分已經化為住宅區了。儘管這樣的說法平凡無奇，但終究無人能夠抵抗時代的潮流。

即使如此，我仍動念想將這些寫下來，是因為安閑園的生活（不單是料理）委實給了我太多。因為我相信，堅守各自崗位、日日奔忙的現代人，其實也深知放慢腳步讓時光悠然流過的重要性。

日常生活中無論多麼微小的人、事、物，都有寶貴之處。而無論什麼時代，只要用心尋找，必定能找到這份寶物。在本書收尾的此刻，我認為這正是我想透過本書告訴大家的。

1 珠寶婆

「今天天氣真好！府上的院子無論什麼時候看都漂亮，精心栽種的玫瑰開得多美啊！」

大門那邊傳來高亢快活的聲音，對整座院子讚不絕口，看樣子是常上門的珠寶婆來了。高門大嗓的溢美之辭逐漸靠近：「看你精神不錯，好極了，你媳婦兒也好？」聽起來是車夫旺盛被她給逮到了。旺盛是個瘦乾巴又神經質的人，瘦得令人懷疑他拉不拉得動人力車。他的妻子是位和氣的阿姨，每天早上來我們家洗衣服，傍晚再來熨收進來的衣服，在我們宅院裡的小屋子住了幾十年。父親出門工作多半開車，人力車是專屬於母親的交通工具，當母親沒事不出門時，旺盛便幫忙園丁或充當門房。珠寶婆也不等旺盛回話，自顧自地說個沒完。這回先稱讚幫傭的女孩今天特別漂亮，然後問：「對了，你們夫人、小姐在不在呀？」然後走進門來。

這位婆婆不知道多大年紀，身材嬌小，一雙腳是當時已經罕見的纏足，照樣蹬著有跟的鞋子。她每年總有三、四回，搖著大屁股，走過前院鋪了草皮的石板路進門來。那已經是距今將近五十年前，我還是小孩子的事了。那時候纏足的風俗早已廢除，但在老一輩的女性當中還是看得到幾個。市鎮上的大鞋行，也還陳設纏足用的鞋區。話說回來，纏足的婆婆奶奶們都有著一對肥臀，毫無例外。是因為腳部發展受到阻礙，導致腰部必得發達以取得平衡嗎？只見她們小小的腳一小步、一小步地走著，肥臀便左搖右晃。據說以前的男人以女子這樣的姿態為美。扭腰擺臀行走的模樣，確實也算是一種性感吧。

珠寶婆嬌小的身軀，卻提著大大的箱子，踩著顛簸的腳步而來。箱子裡的東西，換算成今日的金額，恐怕有一、兩億日幣吧。裡面有鑽石、珍珠，而數量最多的是台灣人鍾愛的翡翠玉石。幾乎沒有綠寶石、紅寶石之類的有色寶石。母親和她的妯娌姊妹們所配戴的，大都也是這三種，珠寶的種類似乎比現在少得多。我想珠寶婆帶著這麼貴重的東西，好歹也坐個人力車吧，但她總是一個人搖搖擺擺地走著。來我們家的固定是那位婆婆，但還有許多人和她一樣，到家家戶戶上門拜訪販售珠寶，據說她們無論到多遠的地方，都是用走的。儘管看來實在是太不小心，卻也從沒聽說這些婆婆們被偷被搶。或許是因為當時民風純樸，也或許是珠寶婆的嘴太厲害，連強盜小偷也不敢招惹吧。

在我小的時候，城裡沒有像現在這樣大的珠寶店，說起買珠寶，一定是向這位珠寶婆買的。「差不多該來了吧。」「上次是初春那時候來的……」母親和姊姊們才這麼說，神奇的是兩、三天後，大門那邊就一定會傳來快活的聲音：「天氣真好呀！」然後，從花草樹木到傭人的氣色和工作，凡是眼睛所見的，全都連聲稱讚。說到這裡，珠寶婆來的日子，一定都是絕佳的好天氣。

母親會欣然款待毫無預警突然上門的珠寶婆。若是上午來，便請她吃中飯；下午來，則是在三點時招待她喝茶吃點心。下午喝茶總是在母親房間的陽台，嫂嫂和姪兒、姪女都會聚集過來，熱熱鬧鬧地吃吃喝喝，而這一天，珠寶婆也會坐在桌旁，足足聊上三、兩個鐘頭再走。

珠寶婆的珠寶箱有好幾層抽屜，她會把抽屜一個個拉出來，將珠寶擺在桌子上。做成戒指、耳環的，和只有寶石的，大約各占一半。母親她們物色品評了之後，有時買有時不買，有時不滿意樣式要求重新設計，有時託珠寶婆找某某樣式的珠寶。珠寶首飾上頭找不到半張標價，在某某家小姐怎樣怎樣、某某家的婚禮如何如何的閒談當中，穿插「這怎麼賣呀？」「哎呀，不便宜呢！」「這樣的價錢可以嗎？」……的對話，不知不覺便談出一個結論。聽她們慢條斯理，緊要之處卻又互不相讓的討價還價，真是緊張刺激，有趣極了。

珠寶對現在的我實是遙不可及，我所擁有的幾件首飾，也都是未出閣前母親給的，但台北的姊姊家，至今仍偶有這樣的珠寶商前來。只不過，聽說來的人已經沒有纏足也不是婆婆了，而是利落的中年女子坐車現身。姊姊說她帶來的東西比外面的珠寶店好，但唯有像以前那麼好的翡翠玉石已經很少見了。買珠寶急不得是母親的口頭禪，母親常對我們說，好比想要一枚這樣的戒指，那就慢慢地等。等上個兩、三年，一定可以遇到最稱心如意的戒指。

幾年前，我和我的烹飪助手一起到台灣時，果然就有這麼一個珠寶商來到姊姊家。我這位助手老早就說很想要翡翠首飾，哪天要是到台灣一定要買，因此看珠寶商攤開來的商品便眼花撩亂。她尤其中意其中一對耳環，姊姊看她一副隨時都會說我要買的樣子，便出聲了：「妳過來一下。」便把她帶到自己的房間。「現在最好不要買。今天的東西不怎麼出色，而且有點貴呢！」

我沒有看珠寶的眼光，完全看不出所以然來，但姊姊說得篤定，對一臉遺憾的她說：「下次我會幫妳留意更好的。過一陣子一定會託人帶到東京給妳，妳就等一等吧。買珠寶急不得的。」

姊姊的話和母親的叮嚀一模一樣，而姊姊的話也沒說錯，翌年便託朋友送來了一對和當時金額相當、品質卻遠遠優於當初的翡翠耳環。

姊姊在陽台的茶几上學會了品評珠寶的好壞，以及高超又愉快的殺價技巧，買起東西來相當精明。

我不知道現代賣珠寶的女性們如何，但以前珠寶婆隨身攜帶的，並不止有寶石。家家戶戶的大小事、自家引以為傲的蘭花開花的情況、孩子們的成長情形等等社交訊息，自然不在話下，珠寶箱最下面一層抽屜裡裝的，某種程度可說比珠寶更重要。珠寶婆之所以處處受歡迎，或許這才是真正的原因。最下面的抽屜裡是好幾張紅紙。只聽她邊說著小姐出落得好標致啊，或是少爺真是一表人才，然後說：「這幾位您看怎麼樣呢？」選出三、四張紙。每張紅色紙上，各自寫著適齡男女的名字、家世、學歷等等，接著便說：「如果您覺得不錯，我去要照片吧？」

在珠寶婆嘴裡，公子、千金個個都是萬中選一，口才果真了得。不過即使把她說的話打個對折，但她畢竟對每戶人家的背景瞭解透澈，看得準雙方是否門當戶對、合不合得來，被配對的親事有慎重考慮的價值。吾家兒女初長成的人家自然關心，年幼的孩子、孫子將來也用得到，因此無法置之度外。雖然當時我年紀還小，不知道選擇親事跟選擇珠寶一樣，都是需要耐著性子精挑細選的。

放學回來，一聽說珠寶婆來了，我便會雀躍地奔向母親的房間。因為在那裡不僅有絢爛奪目的珠寶、令人不禁豎起耳朵聽的嫁娶親事，還有比平常更豐盛的點心。我最喜歡的點心是「萬川」的包子，那可不是經常吃得到的。但是既然珠寶婆來了，搞不好母親會差車夫旺盛上街去買呢！「萬川」這家店是做餃子和肉包的，尤其是肉包，堪稱台南第一。吃「萬川」的肉包和「萬川」隔壁店家賣的滷鴨翅當茶點，對我來說是最棒、最豪華的點心。

平常大人不給我們吃甜的點心。每天固定給我們吃的是炒雞翅或水餃，配上院子裡的水果。後院一角是果園，由於地處南國，終年有吃不完的水果。味道略似蘋果的蓮霧，切口有如星星的楊桃，都是日本沒有的水果。這兩種水果皮都非常薄，洗淨後帶皮吃。除此之外，還有芒果、荔枝、香蕉等等，種類和口味都很豐富。擅長爬樹的旺盛負責摘水果。這些果樹都相當高，旺盛將籃子掛在手臂上，一溜煙地爬上去，挑選當天熟得最恰到好處的摘下來。假如我們一時疏忽找了別人去摘，旺盛就會非常不高興。他會大發脾氣，說別人爬樹太粗魯，震得果實掉下來，要不就是果實還沒熟透就摘下來。他可是會氣得直冒青筋，一點兒也不像在對小孩子生氣，所以我們都會嚇得乖乖的，個個向他道歉：「對不起，下次我們一定會請旺盛摘」，或說：「我們不會再找別人了」。

下午喝茶時，有時候會出現一整隻全雞。但不是大家一起吃，而是特別給某個孩子吃的。如果這個孩子吃不完，得到母親的允許，其他兄弟姊妹也可以共享，否則就只能眼巴巴地看著他吃。不知是否是中醫的看法，在我生長的地方，當孩子發育成大人時，也就是男孩子變聲、女孩子初潮的前後一、兩年，每個月會讓他們吃幾次這種點心。這和一般的烤雞不同，是一種使用大量的薑燒烤特製的烤全雞。

雞略以鹽、胡椒粉調味後，在腹中塞滿薑，外側也用薄薑片貼滿，再去燜燒。當時不像現在有烤箱，所以是在中式炒鍋裡架上網子，把雞放進去之後，蓋上蓋子燒兩個鐘頭，這段時間必須寸步不離地看顧火候。不知是什麼道理，說是要慢慢加稻稈去燒比較好，所以要由一個打雜的女孩子蹲在灶前，一把一把地添火。據說以稻稈燒上兩個鐘頭，薑的藥效便會完全滲進雞肉中，薑與雞肉的效用相輔相成，對發育期的身體特別有益。吃全雞多半是基於認為身體發生變化時期，有必要好好攝取營養，同時也是讓邁入成年的孩子有所自覺的一種儀式吧。吃的人就坐在一隻全雞面前，愛吃多少就撕下來吃。這道菜不切開盛盤，一定是整隻雞撕來吃。珠寶婆三點被招待喝茶的時候，若是遇上這種場面，看到不久前的小鬼頭已經到了這個年紀，想必會立刻在她的姻緣簿上添上一筆吧。

由於年齡差距大，年齡離我最近的姊姊當時如何，我已不復記憶，但我眼看著為數眾多的堂兄弟姊妹陸續被迫吃這道點心。獨自一人坐在另一張桌子前，對著一隻大大的雞，男孩子正值食欲旺盛的時期，因此儘管略有些難為情，仍是開懷大嚼。相較之下，女孩子必須迎接比男孩子更明顯的變化，無論如何頭就是抬不起來。這時候年紀小的弟弟妹妹們若再來取笑一番，就更加難堪了。

在我家，吃這道點心的地方就在廚房旁配膳室的桌子上。配膳室形同連接廚房和餐廳的通路房間，因此總是有人經過，不可能偷偷躲起來吃。喜歡淘氣的小孩子們，沒事也哇啦哇地跑來嘲笑，大人們反而考慮到小孩被人盯著看會不好意思，走過時都會刻意撇開眼神。

我們家和哥哥一家生活在一起，家裡有年紀和我差不多的姪子、姪女。如果是自己的兄弟姊妹那也就罷了，但雖然一樣是孩子，我終究是他們的姑姑。我絕對不要被小姪子小姪女取笑。「我才不要吃那道點心呢！」快輪到我時，我向母親宣告：「要是無論如何都得吃，那就大家一起吃，不然我不要。」

我堅持要由我作東，請其他手足和姪兒、姪女們吃雞。母親對女兒強硬的意見哭笑不得，只得連大家的份都算進去，燒了一隻特別大的雞，美味極了。

我還小的時候，除了宴客或特別的日子，平日的飲食和現在相比，要來得簡樸得多。在孩子發育的那兩、三年，每個月讓他們吃這樣的點心，我認為就營養學而言，具有重大的意義。然而如今台灣人民的生活也不例外，有吃太多、營養過剩的傾向。

想必沒有必要特地讓孩子吃這種點心了，這項風俗恐怕也已經不存在了。

雖然餐桌上鮮少出現甜食，但我們並非從不吃甜點當點心。當時和現在不同，西點的種類不多，頂多就是母親和姊姊做給我們的鬆餅、泡芙，再加上甜甜圈和蜂蜜蛋糕而已。在日本被視為代表中華料理點心的月餅，在台灣是專屬於中秋節的甜點，不到農曆八月是不賣的，但倒是有幾種類似的甜點，雖然不是月餅，一樣包有紅豆餡。中式的紅豆餡，是將日本所說的紅豆餡再用豬油炒過，以利保存，具有獨特的風味。

另外還有一種把米爆開來的點心，我想不起來名字了。與其說是想不起來，不如說是連有無名字都不確定，總之大家好像都習慣把這東西叫作「磅米芳」[1]，將米砰的一聲爆開，比日本的炸仙貝更鬆軟，再拌上熱糖漿。我好喜歡拌了糖漿之後外脆內鬆的口感。街上有店家現做現賣，偶爾母親會准我們去買。這家店也賣黃豆糕，也是當天早上現炒豆子做的。不像日本的落雁糕可以保存多日，是一種可以品嚐現炒豆香的甜點。

說到黃豆做的甜食，絕不能忘記豆花。賣豆花的小販會在下午正好要吃點心的時

1　譯註：即爆米香。

候，挑著扁擔來賣。一前一後的桶子可以保溫。大概是雙重構造，下層有炭火吧，桶子裡總是暖呼呼的，蓋子一掀，便撲鼻而來是一陣溫熱的香味。豆花可以說是豆腐甜點，又白又嫩，比豆腐軟得多。以勺子舀起放進盤子裡，淋上蜂蜜和冰糖熬的糖漿來吃。我想作法多半和豆腐差不多。只不過即使現在來做，恐怕也很難做出和當年一樣樸實又營養的味道了。因為當作原料的黃豆本身便已和往日不同，該說找不到有黃豆味的黃豆了嗎？黃豆似乎已經失去真正的風味了。

裝在保溫桶裡挑到街上賣的點心，可不止豆花。有將杏仁粉溶在水裡加熱煮沸的甜飲品[2]，還有粉圓，用炒過的米做成的米奶。

和日本的炒大麥粉又有所不同，茶色濃稠的米奶是有焦香風味的米飲品；而粉圓則是以樹薯根的澱粉揉製成珍珠大小的丸子煮成的。一顆顆透明滑潤的珠子，得淋上糖蜜來吃。假如是現在，我想一定是冰得涼涼的來吃，但當時即使是夏天，我們也吃熱的。畢竟那是個沒有冰箱的時代，人們不太會把東西弄涼了才吃。從衛生的觀點來考慮，挑著擔子到處賣的東西，還是熱熱的吃比較好，吃的人也認為東西應該是熱的。

豆花和米奶都是所謂的國語發音，在我出生的台灣，則是唸作「倒灰」、「米淋」。

只要聽到外面傳來挑擔小販的叫賣聲，我就坐不住了。「媽，好不好？人家好想吃喔。」這些都是家裡廚房會做給我們吃的東西，但還是會想買街上賣的東西吃。叫賣聲誘使我向母親懇求，幾次裡總有一次會得到允許：「好吧，偶爾也買來大家一起吃吧。」於是馬上就有人端著鍋子去買。但其實，這種東西應該是要直接在路邊吃的。

扁擔上除了桶子，還串著十來個竹編的小凳子，小販在方便做生意的街角放下桶子，將小凳子往四周一擺，聞聲而來的人們便上前去：「來一碗。」從附近人家走出來的人和路過的行人輪流坐在小竹凳上，從熱氣蒸騰的碗裡啜飲甜品。路上有人聚在一起吃東西的景象實在太有趣了，讓我好生羨慕，但家裡嚴禁我們在外面吃東西，我們只能從鍋裡分盛買來的東西，乖乖在家裡吃。

小販做了一陣子生意，便又挑起扁擔，「米——淋——，米——淋——」地走向下一個街角。相對於日本的黑輪攤和拉麵攤從傍晚賣到深夜的情景，這邊則是白天做生意。日本攤販專做男人的生意，飄散著牢騷與嘆息，濃濃的人生哀愁味兒，台南的小販則沒有那樣的陰影。無論男女老少，都是一屁股蹲坐在小竹凳上，享受片刻的點心時光。大男人白天在街角吃點心的光景，在日本恐怕很難想像。但在南台灣台南市晴朗的藍天下，響起陣陣悠閒的叫賣聲，整座城市充滿了南國特有的開朗氣氛，不為小事而發愁。生活在這裡的人們，從家裡的餐桌到菜市場裡的小飯館，乃至於街角的甜

2 譯註：杏仁茶。

品攤，無不盡情享用，樂在其中。

在我四、五歲之前，我們一家還住在台南市中心。那時候我們家是棟大樓，也兼作父親的公司，但居家是在二樓，廚房的窗戶面向狹窄的後巷，窗下會有賣東西的人陸續經過。一大清早經過的是賣茉莉花的賣花女。台南的婦女早上梳髮髻時，一定會買茉莉花來裝點自己。花一天就枯了，因此每天早上賣花女都會上門。唯獨賣花這件事是女人的工作，其他賣東西的全都是男人。賣花女走了之後，來的是賣醬油蜆的、賣醬菜的、賣早上現撈清燙的貝類的。聽說戰前日本清早也有人叫賣納豆，或許就是那種感覺吧。這些都是每戶人家早餐餐桌上的東西。

到了中午，就有人挑著立即可食的午餐經過，好比米粉湯，加了豬血的青菜湯，好幾種鹹粥、清粥等等。下午則是賣點心甜品。晚上一樣也有賣肉包的、賣水果的。賣水果的扁擔兩頭挑著裝了冰塊的玻璃盒，裡面是一盤盤作為甜點的綜合水果拼盤。賣杏仁豆腐的也來了，附近人家紛紛出來買個一碗兩碗。巴著廚房窗口俯瞰下面經過的小販，一整天也看不膩。我從小就喜歡廚房，動不動就找藉口窩在裡面，還真的曾經看著樓下過一整天。

台南市西門路三段與成功路口的辛家老宅。最早是台灣輕鐵株式會社，後改為興南客運，現為華南銀行。

夜深之後行人絕跡的城裡，還是有小販走動。賣的是整套的下酒菜。烤雞、滷鯊魚肉、水煮螃蟹、肉丸……聽說有這些菜色。當時還是孩子的我，早已入睡所以不知道，但我家似乎是這深夜小販的老主顧。父親往往工作到深夜，在調查或書寫告一段落之後，便會召集一家人，吃吃喝喝休息一個鐘頭。那時候廚師已經回家了，廚房的女人們也休息了，因此是由跟著父親直到工作做完的男秘書到外面去買幾道菜回來。據當時應該還是新婚的嫂嫂說：「那真的有點辛苦呢。大概是十一點吧，正要上床睡覺，秘書就來敲門，說爸爸在書房等，問大家要不要吃點東西。」姊姊也在一旁說：「現在想起來真的是人在福中不知福，可是那時候真的很想睡啊！不過爸爸心情都會很好，因為可以在一天的最後看到大家到齊，給大家吃好吃的。」

當時我還是個小毛頭，那樣的場合輪不到我去，每次聽姊姊嫂嫂說起來，眼前都會出現那些美食的畫面。還有父親不顧大家為難，將家人聚在一起而開心的笑容。怎麼都不叫我呢？就算一次也好啊。

廚房窗口總是掛著一個大籠子。那是為了向經過樓下的小販買東西時省得下樓的工具。叫住小販，把錢和器皿放在籠子裡放下去，請他們把豆花或粉圓裝進去。要拉起一整鍋香嫩豆花又不溢出來，可得花一番工夫，看婆婆一臉認真，小心翼翼地一寸寸拉繩子，真是有趣極了。

每當有小販經過，我便吵著：「買啦！買啦！」儘管大家嫌我礙事，我還是經常泡在廚房裡玩，所以廚房的人吃點心，我也常有機會背著母親分一杯羹。因為我太喜歡看放籠子，特別疼我的阿錦婆還會自掏腰包買豆花和米奶給我吃。到了我五、六歲的時候，我們搬到郊外名為安閑園的大宅。搬到安閑園之後，小販的叫賣聲也離我們遠去，但偶爾很想吃的時候，便會差旺盛去買，或是要司機林先生開著黑色的私家用車，載著鍋子到城裡去買。

午後的陽光西斜了。茶壺和水果盤也差不多空了。珠寶婆仍是沒完沒了地自吹自擂曾湊合過多少對姻緣、每一對夫妻都幸福得不得了。母親邊做女紅邊附和。嫂嫂和姊姊們選珠寶首飾好像也有了腹案。內心開始各自盤算，接下來該怎麼向母親或丈夫們討東西。難得提早回家的父親經過走廊，一看到陽台上的珠寶婆，便一副打擾了好事、過意不去似的，神色尷尬地匆匆離去。既然父親回來了，女人、孩子的午茶時間也該結束了。

珠寶婆為了把話説完，一面忙著説，一面收拾攤在桌上的紅紙和珠寶。只見她隨手拾起杯盤間的珠寶便放進抽屜，既不一一查看，也不清點數目。嘴巴顧著説話，只有動手把東西收進抽屜裡，真令人佩服她竟然不會出錯。在省略了許多情節、終於將長長的故事說完時，珠寶箱已經完全收拾好，恢復原樣了。我還在為她變魔術般的快動作咋舌呢，她便嘿咻一聲抬起她的肥臀，說著：「我也會趕快幫小姐找到好女婿的。那麼各位，下回再見了。」

然後和來時一樣，搖晃著大箱子，咚咚有聲地踩著高跟鞋回去了。

珠寶婆們帶著珠寶和親事串門子，一直持續到什麼時候呢？戰爭結束，悠閒的時代不知何時已成為遙遠的過去。當我終於到了適婚年齡時，卻沒人將我的名字寫在紅紙上了。而名字被列在珠寶婆紅紙上的人們，可都擁有了幸福的婚姻？

「薑味烤雞」的作法

這道料理可能是為了培養即將迎接青春期孩子的體力所設計的，每個孩子都要吃上一整隻使用大量的薑做出來的烤雞。用烤箱烤十分簡單，但這裡為大家介紹的是以往用中式炒鍋的烤法。但是家裡不能燒稻稈，以瓦斯爐燒烤即可。

材料：雞一隻（約二公斤）　薑五百公克　鹽二杯

1 以二至三大匙鹽塗滿雞內外側，加以揉擦入味。

2 薑洗淨，連皮切成薄片，先將雞的腹腔塞滿。

3 將其餘的鹽鋪在中式炒鍋鍋底，鋪上鐵網，再將雞放在鐵網上，將其餘的薑片貼滿雞皮，直到看不見雞皮。

4 蓋上厚鍋蓋，以小火慢慢蒸烤二小時。

只用鹽和生薑簡單調味，因此雞本身是否可口就很重要。可以的話，鹽最好用粗鹽。薑要切得夠薄，否則無法貼在雞皮上。

鍋底之所以鋪上大量的鹽，多半是為了讓雞油滴落時產生含有鹽分的蒸氣（之類的氣體），好讓雞肉更加可口的智慧吧。

2 父親的生日

不知道為什麼，小時候熬夜到半夜十二點不睡覺會那麼難呢？九、十點的時候，還為了能夠這麼晚不必上床而高興得吵吵鬧鬧，但一過十一點，就忍不住打起瞌睡來，為了撐著不睡，拚命盯著時鐘的指針。若是在平常，這個時間我們早就被趕進寢室大睡特睡了。

在我家，孩子們一年有兩天可以到半夜還不睡覺。一天是除夕跨年的晚上，這一晚日本的孩子也不睡，忍耐到聽到除夕夜的鐘聲，而在我生長的地方，還有一天，就是家長生日的前一晚。

在台灣有盛大慶祝家長生日的習慣，這一天，已獨立建立家庭的兒子和出嫁的女兒也都會趕回來。無論住得多遠，台灣人在這一天都會回家，一家人團聚，祝福父親健康長壽，並祈求一家平安繁榮。為家長賀壽的儀式，從當天午夜零時佛堂前的拜拜開始。

只有人事不知的幼兒能例外，只要到了懂事的年紀，即使已經睡著，半夜也會被叫起床，然後帶到佛堂。我上小學的時候，內心暗自發誓：「我一定不要睡。」大人這樣取笑我：「很睏吧？」「妳可以去睡呀！」我更是非張大眼睛對抗不可。快到午夜時，女人們會去洗澡。洗去每一寸肌膚的髒污，將自己洗得乾乾淨淨，還要洗頭，再換上全新的衣服，在頭髮上插上芳香的茉莉花。到了十二點，不，到了當天午夜零時，父親以外的所有家人都齊聚於佛堂。佛堂不開電燈，點起蠟燭，紅豔豔的火光照亮了好多花和水果。而這一夜，女人身上所穿戴的珠寶更是極盡奢華之能事。台灣人非常重視珠寶，因此堪稱傳家寶的珠寶會由母親傳給女兒，代代相傳。而像家長壽辰這樣的大日子，便要穿戴起這些首飾，盛裝打扮。嫂嫂們各自戴上從娘家帶來的珠寶，母親和姊姊們也戴上壓箱寶。佛壇的燭光，加上項鍊、耳環、戒指的珠光，佛堂簡直滿室光華。長大之後，我也會穿戴那麼美麗的珠寶嗎？嚮往與好奇讓我興奮不已。

母親跪在佛壇前紅色絲絨繃著的跪墊上低聲誦經，我們則一個個跪在紅色的小座墊上，向神明、佛祖和祖先祈禱。我在心中默念母親所教的話：感謝父親向來平安，往後也請神佛祖先繼續保佑父親。深夜裡，跟著大人一起禱祝，不知不覺心情也虔敬起來。好像自己也突然變成了大人，感覺好高興。虔誠禮拜過後，熄了蠟燭，撤下供品，吃點麵當作墊胃的消夜，時鐘的指針已超過兩點了。

隔天早上照常起床。盥洗穿衣後在餐廳吃完早飯，不久就會有人到處通知：「父親已經進佛堂了」「父親已經坐好了」。一聽到這些話，就必須趕到佛堂集合。無論是飯吃到一半的，還是事情做到一半的，都得立刻放手到佛堂去。佛堂一早便已打掃擦拭得一塵不染，供上了新的鮮花水果。這一天，父親依照每天早上的慣例，一起床便獨自待在佛堂禮佛，在自己房間用過早餐後，才又來到佛堂。

背對佛壇的黑檀大椅上鋪了紅綢，父親坐在上面，母親站在他身旁。在佛堂集合的家人，由長至幼依序到父親面前，跪在紅綢跪墊上，向父親祝壽。從大哥大嫂、大姊大姊夫開始，緊接著是哥哥姊姊許多對夫婦，然後是我、妹妹、姪子、姪女依序上前。最後最小的小嬰兒由母親抱著出來，由母親代為祝壽。

辛永清父親辛西淮。

祝壽的吉祥話必須是如詩般優美的韻文。小時候是將母親所教的話記起來，直接背誦，但等到自己會作文的年紀，便拚命絞盡腦汁地想。對孩子而言，這可是一件大事，是父親歡樂壽辰中的最大難關。家裡會作詩的，好幾天前便開始準備，獻上精雕細琢的賀辭。嫁到大陸的二姊，在我們兄弟姊妹中最有文才，文筆又好，經常寫出浪漫的詩，聽說她在父親壽辰上的賀辭總是悅耳動聽，好詞佳句不斷。相對的，我實在說不上會寫文章，於是不怎麼講究，將諸如「恭賀爸爸壽辰，祝您健康長壽」的內容簡單直白地串起來。但是只要靠自己想出這些吉祥話，就能得到家人的認同：「妳也長大了啊。」

對於家人的祝賀，父親則是一一報以祝福，並且給我們裝了錢的小紅紙袋。父親多半是對我這樣說：

「妳要當一個人見人愛的好女孩。」

「妳身體弱，要多加注意，把身體養好。」

以紅紙摺成的紙袋叫作「紅包」，裡面的金額換算成現在來說，大概是小學生兩、三千日圓；國、高中生四、五千日圓吧。紅包裡有幾張摺得小小的紙鈔。至於已邁入壯年、各自當起「老闆」的哥哥，他們紅包裡有多少錢，我就不知道了。不過這是一種儀式，在我出生的國度裡，子女無論幾歲，都能從身為家長的父親手中同時領到祝福與紅包。和日本的壓歲錢一樣，對小孩子而言，雖然無比期待，但實際上當時有了錢也沒處花。我會這麼說：「幫我存起來哦！」然後馬上把錢交給母親。

母親一直在父親身邊，看著家人一一上前祝賀領紅包。台灣的夫婦關係中，母親不向父親跪拜，也沒有紅包可領，但母親有特別的禮物。父親每年都會送母親新戒指或新手環，以慰勞母親的辛勞，而且一定親手為母親戴上。

在佛堂祝了壽，孩子們便趕著上學。經營公司的哥哥們這一天會將工作排開，一整天都待在家裡，即使萬不得已必須外出辦事，頂多也只是出門片刻。在家的家人接下來便會吃壽麵。

父親壽辰一定會吃的這款羹麵，用料豐富多彩。為祈求闔家平安長壽，取名為「什錦全家福大麵」，我家除夕也是吃這個。先將加了蝦米、豬肉、香菇、竹筍、蘿蔔和胡蘿蔔的湯勾芡，倒入蛋汁，蓋上鍋蓋。這種羹的特色，是以鍋子的餘溫將蛋燜熟到恰到好處時，再加入麵條。算好羹煮好的時間來煮麵，剛起鍋熱騰騰的麵，和著羹一起吃，最是美味。

吃完麵便有好幾種甜點上桌，有冰糖蓮子、花生做的各式點心、芋泥、慈菇球莖餅等等。每一樣都非常可口，但必須千萬小心的是，絕不能多吃。因為緊接著就要吃中飯，而晚上還要舉行盛大的壽筵。要是一不小心，整天都會吃個不停。

中飯的餐桌上，一定會有豬腳和麵線煮的「豬腳湯」。在台灣，人們認為食用動物的某一部位可預防人身該部位的衰老，而人年紀大了，雙腳便開始不聽使喚，因此習慣食用豬腳來預防老化。我曾聽說艾森豪總統夫人做牛尾料理逼年老的總統吃，所以姑且不論「豬腳可預防腿部老化」的真假，一般富含膠質的食物有助於預防老化，看來是真的。

東京販售的豬腳幾乎都只有豬蹄，但台灣則是將前端切掉，賣的是整條豬小腿。將豬小腿切塊，以大量的酒和鹽調味，在砂鍋裡燉到爛。豬腳燉爛了再加麵線來吃，而這麵線可不是普通的麵線，頭一次吃的人可能會以為被作弄，吃麵吃到發脾氣。這麵線和日本麵線並無不同，不同的是長度。這種麵不像日本會截短切齊，而是維持麵揉好曬乾時的長度。平常會折短再煮，但壽辰為祈求長壽，特地不折直接煮。煮這種麵不容易，而以大盆端上桌時，各自要取麵更是得費上一番工夫。坐在椅子上是夾不起來的，非得站起來不可。而且，光靠自己一個人夾不起來，需要旁邊好幾個人來幫忙。好幾個人伸筷子夾同一個東西，在餐桌上很失禮，唯有這時候可以豁免，一群人擠在一起，七手八腳地把麵給拉出來。筷子夾起來的麵也才兩、三條，但是整條拉出來之後，一個人吃這麼兩、三條也就綽綽有餘了。在為每個人分好麵條之前，餐桌上都要熱鬧一陣子。但是，清爽的鹽味燉透進豬腳，骨頭四周幾乎化開的膠質，加上麵線滑溜的口感，美味難以形容，是壽筵上不可或缺的一道菜。

父親晚年時，中飯經常出現「糖醋豬腦」。這是一道豬腦料理。年紀大了，便擔心頭腦不靈光，因此除了豬腳之外，也要吃豬腦。豬腦的大小大概可托在手心，外表覆著一層薄膜。當完整取出的豬腦送到家裡，便用竹籤以捲動的方式仔細剝除薄膜，要小心不能讓豬腦有所損傷。薄膜之下的豬腦呈現柔軟的乳白色，處處可見細細的血絲，十分美麗。腦是由幾個部分組合起來的，去膜之後，組織便會鬆動，容易垮掉。蒸整副豬腦時，放進蒸籠的手法要輕，否則豬腦會四分五裂。但「糖醋豬腦」這道菜則是將豬腦油炸後勾糖醋芡，因此要小心地將豬腦依不同的部位分開，切成方便入口的大小。一塊大約切成六小塊，裹上麵衣來炸，但由於豬腦非常細嫩，整個料理過程都要非常小心。與其以豆腐來比擬，不如想成魚白更為貼切。美麗的乳白色在煮熟後依然不變。滋味之濃郁，雖然不確定這樣比較是否妥當，但我個人認為比魚子醬好吃多了。外側的麵衣炸成酥脆的金黃色，內側則是雪白柔滑。裹上一層薄薄高雅的糖醋醬來吃，是最高級的美食。

日本很難找到豬腦，因此我幾乎已經放棄烹調豬腦了。願意採集豬腦的業者也很少，似乎只接受法國餐廳訂單，像我這樣的個人買家實在拿不到貨。但是，最近我終於打聽到買豬腦的通路，正滿心期待著以後也能在東京家裡吃到豬腦料理。

由於一早便有種種慶祝儀式，生日當天的中飯經常會比較晚開動。用完遲來的中飯後，也沒有時間休息，必須加緊準備晚宴。時間對台灣人而言似乎完全不成問題，發出「請六點入席」的請帖，來得早的人四點多就到了，以便在宴席前喝個茶慢慢聊。而晚到的人直到六點半、七點了都還不現身。得打兩、三次電話催促，派人力車、轎車去接，才總算勞動大駕。他們並不是不想來，而是習於執「三顧之禮」後，再應邀出席。

宴會邀請了親戚及大批朋友知交。父親交遊廣闊，因此客人動輒上百，有時候甚至多達兩百人。這麼一來，即使母親和家廚廚藝再怎麼高超，也應付不來，於是會請鎮上素有來往的餐廳來幫忙。有一年還別出心裁，改吃素齋，還請了做素齋赫赫有名的尼庵裡的幾位尼僧前來料理。

父親的生日是農曆一月九日，在台南天氣已經不那麼冷了。只要天氣不錯，宴席多半會設在庭院裡。一場百人宴會，十人或十二人座的圓桌就得擺上十桌。鋪上雪白的桌巾，依人數擺好碗筷，點綴上一人一份的小小花飾。那是一小朵玫瑰或菊花，再配上綠葉，小巧可愛，而做這些花飾便是小孩子的工作。在切成圓塊的香蕉莖上，依自己的喜好搭配裁短的花草。轉換成現在的話語，大概就叫作花藝吧。香蕉莖正如同海綿一樣富含水分，用來當底座再適合不過了。底座包上漂亮的布便完成了。我從學校放學回來，便和幫忙打雜的人一起忙著做這些東西。

到了客人快來的時候，家裡的人便會依照分配的任務各就各位。有的站在門口大聲喊：「某某先生女士到。」有人聽到通報，就跑進房間通知家人，有人引導交通，有人負責管行李，有人負責與廚房聯絡，不一而足。光靠平常家裡的人還不夠，每當要舉辦宴席時，都會拜託在家裡幫忙的人，請他們親戚中乖巧伶俐的年輕人來幫忙。這些年輕人，將來都會接替父母或叔伯姨嬸到家裡工作。一得到客人抵達的通知，父母或兄嫂就會到客人下車的前廊迎接。我們小孩子若是到了能夠待客的年紀，也會和嫂嫂、姊姊一樣，在開宴前陪客人聊天，或是帶客人欣賞庭園。

執「三顧之禮」後迎來的客人終於抵達，宴會正式開始，這時最早也已經七點了，有時候甚至會到七點半。光是等客人到齊，至少就要花上整整三個鐘頭。

以前的宴會沒有所謂的自助餐形式，一定都是就座等餐的，但台灣人的宴會熱鬧非凡，沒有人會坐在位子上不動。花園宴會的情況更是如此，賓客在餐桌間來來去去，自由走動聯歡。也有些社交人士會出聲說：「可以借坐個十分鐘嗎？」然後這樣一張餐桌換過一張。

宴請的菜色，是家廚與母親花上好幾天構思的。每年費盡心思擬定的菜單，總是獲得客人的好評，現在回想起來，我認為辛家的每場宴會總是圓滿成功的。整套菜色年年不同，但一定會出現「什錦全家福大麵」和「壽桃」。「什錦全家福大麵」是每逢喜事都會吃的麵，這天早上也吃過。桃子形狀的「壽桃」則是配有綠色葉子的粉紅色小豆沙包，是在用餐最後上桌的甜點。據說很久很久以前，仙人吃了傳說中的果子「仙桃」而長生不老，這豆沙包便是由此而來，成為壽筵的最後一道菜。雖然沒有特別不同的味道，但和平時吃的豆沙包就是不一樣，吃起來特別好吃。

宴會結束，絕大多數的客人都走了。但是，家裡、院子裡，還有許多尚未盡興的客人。聊上好幾個鐘頭還聊不夠的嬸嬸阿姨們，圍繞著鋼琴唱歌的音樂組，嘩啦啦洗著牌的麻將組，各自成群，一路熱鬧到深夜。

宴會後的麻將，依照慣例是徹夜打到天亮，但奇怪的是，我家人幾乎不會參與。父親是台灣人當中罕見不打麻將的人，雖不特別禁止孩子打牌，但三個哥哥也不打。唯一的例外是母親。母親溫婉嫻靜，什麼事都躲在父親背後，但唯獨麻將例外，父親回房休息後，仍留在客廳持續方城之戰。

我們姊妹混在音樂組裡玩到很晚，散會後回房時，麻將組還有好幾桌在洗牌，看樣子才剛入佳境。

「媽，我們先去睡了。」經過時我向母親說上一聲。

「哎呀，已經這麼晚了？早點上床哦……我們還沒結束呢。再一會兒就好了，再一會兒。」

母親露出不同於平常的淘氣表情笑著。母親平日衣著樸素，只穿白、灰、藏青等棉、麻質料的衣服，但在宴會當晚會穿上光澤柔軟的禮服，雖然是自己的母親，卻仍美得讓我看得出神。母親在麻將桌下翹起了腳，旗袍衩露出纖細美麗的腿，令人目眩。彷彿坐在那裡的是不同於平日的另一個母親。

小時候，我覺得母親一打麻將就變了，所以討厭母親打麻將。也許麻將便是如此引人入勝的牌局，但由於年幼時所感覺到的孤單，我至今仍不喜歡麻將。

無論如何，麻將之會一定是通宵達旦，第二天起床去向母親請安時，客人才剛要走，等了一晚的轎車總算駛出大門。母親則早一步脫下禮服，換上樸實無華的家居服，絲毫不見熬夜的倦容，露出彷彿才剛起床的清爽笑靨，展開早上的工作。只見她踏著一如往常的輕快步伐走進庭院，依照她一大早的習慣，去巡視花園和菜園。

我長大的地方，是一座綠意盎然的美麗莊園，名為安閑園。在廣大的莊園裡，有我們的家，還有已經成家的幾位哥哥的住家，彼此間的距離只要走個四、五分鐘路就可抵達，大門到門廊之間的前庭，以假山和水池為中心，有好幾組奇石造景，既有瀑布，也有噴泉，是一座風格別具的美麗庭園。涼亭旁則有母親悉心照顧的蘭花園和玫瑰園，覆蓋著綠油油草皮山丘的後方，則是茂密的熱帶樹木，宛如叢林。

安閑園的美麗庭園，也是辛家最常拍照的地點。辛永清（後排中）、辛永秀（後排右二）。

與工整、美麗、寧靜的前庭形成對照，房子後面是一大片令人誤以為是農家的菜園。那裡蓋了豬舍、雞舍、火雞寮，馬廄裡不時傳來高吭的馬嘶，隔著果樹林和竹林，隱約可見園丁、車夫和長工居住的小屋。

這裡本來是辛家郊外的別墅，喜愛庭園布置的父親花了好幾年整理，在我五、六歲時，我們才由過去居住的城裡搬遷過來。父親在經營好幾家公司的同時，不但參與政治，還傾力辦學，因此非常忙碌，但還住在城裡的時候，每個周末便以帶著幼小的我前往安閑園的庭園為樂。有時平靜無事，只是巡視巡視庭園，與園丁討論討論，撿撿火雞蛋來做菜；有時則大

辛家尚未搬進安閑園前的別墅景致，是辛西淮偷閒享受的地方，宛如世外桃源。

辛永清跟爸爸在假日來到安閑園悠閒度日。

興土木，叫來怪手將大石頭東搬西移。

平常坐黑頭車出門工作的父親，只有在這個時候會吩咐家裡的車夫旺盛拉車，將我抱在膝上，卡嗒卡嗒地一路晃到郊外的安閑園。也許是難得假日的悠閒氣氛，適合搭乘這慢吞吞的老式交通工具吧。一個不小心，父親蓋在膝上的毯子就會整個蓋到我的下巴，讓我悶熱得哭喪著臉。蓋膝毯似乎是人力車必備的物品，即使是台南太陽大的時候，不知為何也一定要將膝蓋包得密不透風。父親指示園丁做事時，一旁的我便四處玩耍，或是到叢林探險，或是呼喚池子裡的鯉魚。

就這麼讓旺盛拉著車顛簸了幾年，多半是已完成令父親滿意的庭園了吧。

我們一家人，以及當時還與父親這位大家長同住一個屋簷下的三個哥哥三家人，超過二十幾人的大家庭，一舉遷往安閑園的家。不久，哥哥們也陸續生了孩子，兩個哥哥各自在園裡建了別墅。我的少女時代便在這個有著美麗前庭與充滿活力的後院的家，與大家庭共同度過，一回想起來，至今仍是滿懷幸福。

父親身為實業家、教育家，同時也是政治家，在在令人感覺到他率領大家族的家長風範，如此大格局的父親，帶領著溫柔婉約、但對孩子管教甚嚴的母親，比我年長許多的姊姊們與妹妹，還有恩愛的哥哥嫂嫂與小姪子小姪女，而家裡隨時都有一群忠心耿耿的僕人。

廚師大水叔是個很會說故事的大力士，司機林先生圓圓胖胖的，車夫旺盛則是個瘦竹竿。來幫傭的年輕女孩待個幾年便會陸續結婚，但上了年紀的婆婆、阿姨倒像是在這個家生了根。阿英姨在我出生前很久便守了寡，帶著孩子來到我們家，而她女兒長大後，也是從我們家出嫁的。阿英名叫英國，但台灣人習慣在名字前加個「阿」，就像日本叫某某桑、某某將的暱稱，我們是加上「阿」來叫的。來家裡幫忙的人個個勤奮，但阿英的勤奮在早上特別驚人。

我們家的早飯通常是白粥，配菜有醬油蜆、煎魚、煎蛋、炒青菜、豆腐乳，再加上茶和水果，我特別喜歡把豆腐乳拌在粥裡吃。廣式的粥品是以雞湯來熬，但我們和日本一樣，都是吃白粥。在中國也一樣，有其他配菜的時候，通常都是吃白粥。豆腐乳是豆腐做成的，和起司很像。上學的孩子和上班的哥哥，大家吃飯的時間不同，準備好的人就各自到餐廳去吃飯再出門，但只有父親早上不會進餐廳。父親一起床便進佛堂禮佛，接著直接進書房，和帶著文件來上班的秘書開始工作。等閱件蓋章告一段落，才是父親的用餐時間。

阿英的工作是端早飯進書房，但只要端進去的時機略有差池，工作時臉色嚴峻的父親便會嚷一句：「現在不行！」把阿英趕出來。從來沒有一次便送成早餐的，每天早上總要送上兩、三次，每次都得重新熱了再端過去。

父親一直維持午前不碰葷腥、吃早齋的習慣，因此早飯的內容與我們不同，是白粥配滷香菇豆皮、炒青菜、微辣的佃煮[3]豆皮之類的，相當清簡，再加上早上剛摘的水果與大把現炒花生。花生是父親早飯不可或缺的一道，用餐期間不時會吃上幾顆，吃完早飯時，父親會將七顆形狀完好的花生托在手心，一口氣全送進嘴裡。雖然不是像西方那樣視七為幸運數字，但中文也有「七成八敗」這個詞，父親似乎是受到這個詞的影響，用花生來討個當天的好彩頭。

在通過七顆花生這一關之前，阿英每天早上不知得端著托盤在廚房與書房間來回多少次。有時候，不管去多少次時間都不對，阿英完全失去了自信，便會拜託深得父親喜愛的女秘書來端。即使是父親視為己出般疼愛的秘書阿秀來端，也不見得能得到「來吃飯吧」的結果，有時候托盤還是原封不動地被退回來。

一天早上，阿英躲在廚房一角默默流淚。

「阿英，怎麼啦？」

「今天早上老爺最終沒吃飯就出門了。老爺那麼忙，不吃飯怎麼行呢！會把身體弄壞的。」

阿英拚了命，就是想讓父親好好吃頓飯。

至於母親，這時候正來到庭院裡，小聲哼著歌兒，專心致志地照顧玫瑰、蘭花。母親在其他事情上將父親服侍得無微不至，唯有早飯這件事，因為父親實在太難伺候了，母親似乎認為父親太任性些，於是把早飯完全交給阿英、阿秀兩個人，事不干己般地在花園中漫步。蒔花養卉完了，母親會坐在池畔的大理石椅上，偶爾也會抽抽水煙。看著纖細的母親翹著腳把玩水煙袋的模樣，我總覺得有如一幅畫。掛著玉雕蝴蝶與珠飾的銀製水煙袋，似乎是在回憶什麼人，母親偶爾抽水煙好像並不是為了抽水煙，而是為了懷念那個人。

3 編註：用砂糖和醬油久煮海產的日本小菜。

阿英的晨間奮鬥，並非僅止於父親的早飯。母親生下妹妹後，有一段時期身體不好，持續病弱了一陣子，後來久咳不止，到了冬天咳得更厲害。看了醫生也不見起色，阿英非常擔心，不知從哪裡打聽到偏方，要母親一定得試試。那是一種非常奇特的偏方，要將「童子尿泡蛋」做成蛋酒來喝。

把蛋放在三、四歲小男童的尿裡泡一整晚，翌日早上做成蛋酒來喝。這種療法的重點是喝完之後還要熟睡一、兩個鐘頭，而當時哥哥的兒子正值這個歲數。「來，小少爺，尿尿嘍。」晚上就寢時間一到，阿英便會說著這句話來討尿。姪子掙扎著不願就範，但最後還是被按住，取走寶貴的尿液。我們這群孩子就愛看每晚必定上演的這場騷動，總是在一旁圍觀。

隔天早上天還沒亮，阿英便起床，在小鍋裡加水將冰糖煮沸，打散泡了一整晚尿的蛋，做成熱熱的蛋酒。凌晨四點，母親還在睡夢中，房門便會響起輕輕的敲門聲，母親喝過蛋酒會再睡一覺。這個習慣至少持續了一年，母親的咳嗽不知不覺完全好了。

阿英讓母親喝過蛋酒後，接著便準備早飯，以及上學孩子們的便當，然後還有她最大的難關——父親的早飯。早晨是阿英最忙碌的時候。

母親總說治好咳嗽是阿英的功勞，但同樣是阿英找來的五十肩治療法，似乎就沒有什麼效驗了。母親過了五十歲，開始說手舉不起來的時候，阿英便做了一種以前從來沒聽說過的湯。

這種湯，是把一種說不上是星鰻也說不上是鰻魚、長長的、扭來扭去的東西，和一種植物的根一起用酒蒸出來的。長長的東西長得很像星鰻，但比星鰻大得多，我不知道那是什麼生物。我想植物的根應該是一種中藥，阿英說他們鄉下叫作「土龍」，我也不知道這種植物的正式名稱是什麼。把這不知是星鰻還是鰻魚的生物，活生生地放進甕裡，加上土龍和酒，蒸好之後喝湯吃肉，據說能治五十肩。但是，母親沒說過這東西好不好吃，也沒說過肩膀治好了。童子尿泡蛋的蛋酒也好，沒見過的湯也好，說迷信是迷信，但有很多人流傳這種有別於正統中醫的民間療法。忠心的阿英一聽說，便不辭辛勞地為母親調製。母親身體復元之後，我們一大家子沒有人生大病，度過了無病無災的日子。

在安閑園這美麗的家園裡，與健康有活力的父親一同吃過的壽筵料理，是多麼美味、多麼快樂啊。二十幾個家人，每個人臉上都充滿了喜悅和光輝。家長健在是一家人幸福繁榮的象徵，也是每個家人的喜悅。父親算是嚴格的家長，但相反的，他對家人的感情也很深。別的人家會為身為大家長的父親特別準備膳食，或是享用其他家人沒有的料理，但我父親非常討厭這種事。要是餐桌上出現了難得的東西，一定會問：

「大家都有份嗎？」

「叫大家**現在**來一起吃吧。」

若回答現在沒有那麼多，父親便會說：「那就不用了。」便不肯吃了。由於是大家庭，要人人有份，所需的分量可不小。母親費心弄到貴重的東西，認為給年輕人吃太浪費，只求給父親一人吃上一口，但父親總是堅持既然不能大家一起吃，就絕對不肯吃。

每當父親壽辰將近，母親便用心蒐集燕窩。父親愛吃蒸得甜甜的燕窩，因此母親希望壽筵上能端出這道料理。然而，眾所周知，燕窩不但昂貴，又非常稀有，買不到想要的數量。有好幾年即使想盡辦法，仍籌不到全家人的份。母親事先叮嚀大家：「要**假裝**吃哦。」父親環視餐桌，說聲：「好，大家都有了吧。」然後開心享用。坐在父親左右的人一定要有，但坐在大桌另一端的我們只有一點點，不，有時候幾乎沒有，還是將碗端到嘴邊，假裝一口接一口地吃著。

將燕窩蒸得甜甜的「甘燕巢」[4]只消幾秒鐘便吃下肚，但要做這道菜，從事前準備算起，要花上整整二十四個鐘頭，是一道非常花工夫的料理。現在在中藥店買的燕窩，拿出來的都是已經挑淨羽毛的，但以前送來的可是整窩帶毛的。得泡在水裡半天。準備五、六個裝了水的大盆，每盆水前面坐一個人。因為這項工作非常耗手工，我們一定會被叫去坐在廚房。頭一盆的人把燕窩的毛稍微大致挑掉，放進下一盆。第二盆的人再尋一次把毛除掉，交給下一個。經過第三、第四個，輪到第五個的時候，已經很乾淨，幾乎沒有毛了。而最後一個人，必須把燕窩挑到連一根毛、一點雜質都沒有才行。這是極需耐心、極耗神的工作。經過這些手續處理好的燕窩，放進盛了水的陶鍋裡，加入冰糖慢蒸。要以文火蒸上七、八個小時，在那個沒有瓦斯、電鍋的時代，光是以看火而論，就不能不說這是道累人的料理。如今即使上菜色豐富的館子，也幾乎看不到了。有時候我們「吃」的是空碗，但有時候也會吃到這道微甜、清淡，卻又令人感到深奧莫名的料理。如今，我認為那是好日子、好年頭的味道。

父親在我高三那年的冬天去世。我參加了兩天一夜的畢業旅行，去到台灣的最南端，回來時，卻沒有轎車來車站接我。父親的黑頭大車車號是二九〇，家裡都叫作「里Q空」（二九〇的台灣話發音），平常幾乎是父親專用，但我們搭火車旅行時，胖胖的身軀穿著兩件式深藍色制服的司機林先生，便會開車接送我們到車站。父親非常守時，因此林先生總是提早將車開來，從來沒有晚到過。接送的車子沒來，我並沒有立

4 譯註：冰糖燕窩。

刻想到是出事了，但也覺得納悶而不安。當天我是怎麼回到家的已經不復記憶，但當時車站前有很多改良的人力車在候客，所以我想我是搭這種車回家的。我記得是叫作「三輪車」，這種車就像腳踏車，但是將後座改裝成可以讓客人乘坐的車篷。

一到家附近，便看到一排長長的轎車。有親戚朋友家的車，也有沒看過的車，排成一整列。我立刻感覺到出事了。人都已經到了門口，卻不敢進去。明明是自己的家，我卻去問某輛剛好把車停在那裡的司機，問這家發生了什麼事，才知道父親去世了。由於事情太過突然，我連眼淚都流不出來，躲著母親、手足和傭人，逕自回到自己的房間。好一陣子只是發呆。

父親一直很健康。體格高壯，雖然略胖了些，但從來沒有任何異狀，也不見衰老，日常生活不拘小節。前一天，我因為畢業旅行必須一大早出門，大概是清晨四點吧，臨出門時依照慣例去向父親請安，母親制止了我：「妳爸爸還在睡，就免了吧。」我沒向父親告別，就讓林先生送我到車站。那是個台南少有的寒冷清晨，颳著強風。據說父親醒來後聽母親說我出發了，還擔心體弱的我說：「這麼冷的天，不該讓她出門的。」非常地不高興。

那時候台南市好像是因為缺水吧，慢性電力不足，晚上七點到八點停電的狀況一連持續了好幾年。在我們家，為了愉快地度過這段停電的時間，養成了全家聚在一個房間聽「故事」的習慣。父親母親，我和妹妹，哥哥嫂嫂的孩子們，就連幫傭的女人都聚在客廳，由擅長朗讀的王爺爺每天為我們讀有趣的書。

被我們稱為親家、頭頂光溜溜的王爺爺，是嫁到大陸的姊姊的公公，是有名的眼科醫生，他當時逃離政局不安的大陸，住在我們台南的家。王爺爺幾乎一整天都在看書中度過，與夫人兩個人靜靜度日，但一直無法返回留在廣州的醫院，後來放棄返鄉，在台灣開業。在那之前的五年都待在我們家，幾乎算是我們家的主治醫師。

親家是個了不起的朗讀高手。沒有電燈的房間裡，燭火搖曳，客廳被昏暗溫暖的光暈包圍。聽親家的朗讀，我們彷彿連出場人物的氣息都聽得到，讓我們忘了時間，掉進了書中世界。每個人都聽得出神，一個鐘頭過去了，電燈一亮，大家異口同聲地說：「今天停電真的有一個鐘頭嗎？」「會不會是弄錯，只有三十分鐘？」然後讀書的、縫衣服的、進廚房的，不情不願地各自回到自己的崗位。我記得當時王爺爺給我們讀的是《三國演義》。

我去畢業旅行當晚，家裡也是這樣一家人聚在一起，聽著《三國演義》。劉備、關羽、張飛各顯神通，當晚的故事該是多麼有趣啊！大家一定專心聆聽，像平常一樣度過了愉快的時光。

電燈亮了，闔上書本。父親放鬆地靠在大沙發裡，閉著眼睛，面露微笑。「是不是有點累了呀？」母親說她是這麼想的。父親好像睡著了一樣，然後就再也沒有睜開眼睛了。父親已經踏上了另一段旅程，就在家人團圓共享天倫之中。

父親的死訊並未傳到我畢業旅行的地點。母親大可以打電話、電報通知，但她沒有這麼做。她是擔心即使通知了，我也未必能夠提早結束旅行，比同學早一步回來，也擔心一旦通知我，我就必須懷著父親去世的悲傷，獨自走過本應快樂的畢旅回程，因而故意不通知。車子沒有來車站接我，只是因為司機出來得晚，與我錯過了。遲到是從來沒發生過的事，可見得父親突然離世，家中有多麼混亂。而我，竟然是從別人家陌生的司機口中得知自己父親的死訊。

辛永清的嬰兒照。

我是父親步入老年之後才出生的女兒。繼三個哥哥、四個姊姊之後的老八。最小的姊姊比我大十二歲，有好長一段時間，這個姊姊一直被視為老么，這時我卻意外誕生，之後又生了一個妹妹，她才是真正的老么。母親生下我時已經四十歲了，而父親又比母親年長十七歲，因此我父親的年紀和一般人的祖父相當。

父親名叫辛西淮。我記得日本人都以日文漢字的音讀來叫他。在日本殖民時代末期，曾任台灣總督府要職。

但是，父親本來不是從事政治的人，而是做實業的人。在交通不便的土地上開路，在沒有橋梁的河川上架橋。鋪設輕軌鐵路載人（後來輕軌鐵路改為公車路線）。父親又為某個村莊建了小學。當台灣剛變成日本殖民地時，各地頻頻發生暴動，這個村莊據說抵抗最為激烈，因此長久以來都不許建校，以示懲治。但父親召集有志之士，投入私有資金，為孩子們建立了學校。

父親大膽地在策動反殖民主義的村莊興學，日方卻強力邀請父親加入總督府，想必一定有其政治理由。父親與祖母均為此大為苦惱。祖母常說：「祖先以往於朝廷擔任要職。」一生於這樣的家庭，要站上協助異國殖民政策的立場，父親自然裹足不前。據說當時祖母又說了：「有時人是無法違抗歷史的。」父親告訴我們，他是考慮到如何在巨大的歷史漩渦中保護本國國民這一點，才踏進總督府的。父親在總督府最後的職位是最高政治顧問。

父親的雙親，也就是我的祖父母，是福建人。父親出生時，時值中國清朝末年，大陸政治社會紊亂。於政治對立日漸嚴重的局面中，祖父母帶著年幼的父親渡海來台。他們將兒子的健康茁壯與香火的傳承延續寄託於新天地。然而，身為家長的祖父早亡，台灣變成日本的殖民地，可想而知，父親的前半生定然吃了許多苦。我出生得晚，不識年輕時的父親，告訴眾人大陸見聞的祖母也早已離世，無緣得見，因此我沒有資格描述辛家代代祖先。那不該由只聽得一言半語的我來述說。我所見所聞的，是日本紀元昭和十年（西元一九三五年）之後的事。

父親雖位居殖民地政府要職，卻擁有堅強的信念，要以中國人而活，堅強固守中國傳統文化。日本強制台灣的知識分子棄中文名改日本名，禁止穿著中國服飾與舉行中國傳統節慶禮俗，但父親直到最後，仍堅守家名、宗教，以及代代相傳並引以為傲的傳統儀式。不可思議的是，面對父親如此強勢的姿態，日方也沒有強制打壓，反而爽快應邀參加辛家的傳統儀式。好幾位位高權重的日本人都出席了，那一整天都和大家一樣度過。

不只是台灣人贏不了歷史漩渦。日本在太平洋戰爭中戰敗，台灣也開始迫害日本人。父親不惜一切的努力來保護日本人。有幾戶人家在台灣生活了幾十年。撤回日本的人們將刀劍等各色各樣的物品交由父親保管。那些都是堪稱傳家寶的貴重物品吧。說好了寄放到和平降臨，雙方可友好往來時。戰爭結束好幾年之後，這些東西或者由

在辛永清、辛永秀房間正面所拍攝的紀念照。辛西淮（前列左三）與大哥、二哥、二姊夫皆入鏡。

日本來取回，或者由台灣送過去，各自物歸原主。

無形的命運，有時會迫使人們陷入悲哀的處境。但父親說，人們應該彼此親愛、互相著想。就我所知，父親對任何人都相待如友。為了不讓戰敗的日本人受到迫害，父親不知有多麼努力啊！

而這樣的父親，在戰爭結束那天哭了。那年三月起，我們便被疏散到距離台南三小時車程、一個名為後營的村子。台灣的都市也開始遭到空襲，父親的一個大地主朋友將自家十間左右的空房借給我們，父親和哥哥們則留守在台南的家裡。聽說父親關在佛堂裡，哭著說祖國終於回來了，我才知道戰爭結束帶給我們多麼深遠的意義。當時我是個國小五年級的學生。

由於曾任殖民政府要職，戰後父親的處境並不安穩。有一段時期，儘管非常溫和，但仍處於一種軟禁的狀態。拘禁約半年才解除，我們恢復了平靜安穩的生活。

在家裡，父親是個慈祥而嚴格的父親和丈夫。現在的孩子們可能沒那個意思卻如口頭禪般掛在嘴上的「真的嗎」，有時候甚至會說「騙人」，但在我的孩提時代，父親嚴禁我們說「真的嗎」這句話。要是一個不小心，像對朋友般隨口說溜了嘴，父親的臉色便會突然嚴肅起來，說道：「孩子懷疑父母親說的話，究竟是什麼意思？」話語雖然溫和，責備卻是嚴厲的。對母親也不改其嚴格，母親負責接待、管理大批客人、孩子、傭人等等，免不了有不周全的地方，因此也曾在我們面前發牢騷，甚至也曾看到她偷偷拭淚。

相反的，父親也有寵愛母親的一面，當著前來祝壽的兩百多名賓客面前，有如求婚般地送上戒指，給母親一個驚喜。面對嚴厲得令人落淚、卻又意外溫柔的父親，想必母親也受過不少委屈。對於年長十七歲、嚴厲、依信念而活的丈夫，儘管有時飲泣，仍敬愛不已，在這樣一個丈夫身邊，母親本身也以中國傳統為傲。母親從未穿過洋裝，終生都穿旗袍。身旁的朋友都燙了頭髮，換上時髦的髮型，母親卻一次也沒剪過她的及腰長髮，當然也沒燙過。母親總是紮起長髮綰成不及肩的髻，那一頭烏溜溜、找不到一根分叉的黑髮，從未梳過台灣女性傳統以外的髮型。

父親體格好，特別適合穿燕尾服、戴大禮帽。那個時代，凡是參加正式社交聚會和典禮，男性都必須穿燕尾服、戴大禮帽，因此父親也有幾套，需要時便正裝出門。父親去世後，母親每年還是將這些正式禮服取出來曬一次，每次都會說：「媽媽活到這個歲數，從沒看過哪個人能把燕尾服和大禮帽穿得那麼體面，也沒見過那麼品味高尚的男人。」三個哥哥各自在社會上有了相當的地位，但母親仍大言不慚地說：「就算三個加起來，也及不上你們父親呢！」

父親與母親和一般所謂的恩愛夫妻略有不同，感覺謹守禮節，保持距離，縱使旁人看來古板，但我卻認為父親與母親是一對互敬、互信、互愛的幸福夫妻，令人羨慕。

我和妹妹是父親過了盛年才出生的，對父親而言，似乎是特別可愛的幼女。父親忙碌得席不暇暖，但只要能騰出四、五分鐘空檔，便會命秘書來叫我。由於受到父親不少嚴格的教導，年紀幼小的我每每心驚膽戰地進書房。那是夏天。體格壯碩、很會流汗的父親外出歸來，換上涼爽麻質觸感的傳統服裝，上身鈕扣敞開著，臉上笑咪咪的。天花板上大大的電風扇緩緩轉動。父親露出肥壯的胸膛，問：

「要不要喝爸爸的奶啊？」

「不不不。」

父親便故意對畏怯的我露出有點兇的表情，取笑我：

「妳都喝媽媽的奶，為什麼不喝爸爸的奶？」

書房牆上掛著繪有荔枝的畫。

「來，我來摘荔枝。」父親要我看著他，他自己走近那幅畫，我還沒會意過來。「摘下來嘍——！」然後父親手裡便已拿著真正的荔枝，而我則是驚訝地睜大了眼睛。父親只要想見我，便將水果藏在畫框後，再差人叫我來。摘荔枝的時候，我一進房，父親首先便問：

「妳是誰的孩子？」

「爸爸的孩子。」

我答。

「爸爸的什麼樣的孩子？」

答案是固定的，一定要回答「爸爸老來生的可愛得不得了的孩子」才行。在我總算會說話的時候便一直教我，我不靈活的舌頭不知重複說了多少次。到了上幼稚園的年紀，女孩子已經相當早熟，這種話實在羞得令人說不出口，也已經漸漸看穿摘荔枝的手法了。但畢竟還是想吃荔枝。為了荔枝，我強忍羞怯說：「是爸爸老來生的可愛得不得了的孩子。」

父親就為了聽這句話，在百忙之中，將荔枝藏在畫框後。我們父女一再重複這段滑稽的對答。那是人稱有守有為的父親，在年幼女兒面前所展露的溫柔。

小時候如此受父親疼愛的我，隨著年紀漸長，卻越來越害怕父親。一方面也是因為進入青春期了吧，不知不覺間，我開始疏遠父親。儘管內心深處仍想如幼時那般向父親撒嬌，卻覺得父親好遙遠。而我卻在畢業旅行期間失去了父親。家裡每個人都在場，唯有我身在南方的旅途中。我僅僅離家一個晚上，卻覺得離開了好久。父親不在人世了，真是不可思議。

有一天，我在父親書房抽屜裡，發現了父親愛用的煙斗。那是紙煙用的翡翠煙斗。大概是母親慎重地以布包起來的吧，放在嘴上輕輕一吸，有父親的味道。從那天起，我每天一定會溜進書房吸煙斗。每天都吸，漸漸地味道越來越淡，最後煙斗不再有味道了。當時，父親已去世大約兩年了。

「什錦全家福大麵」的作法

舉凡父親生日、除夕夜，只要有喜事，我家必定會做這道羹麵。

材料：中式麵條（乾麵）四～五人份　油一大匙多　豬肉（整塊）二百公克　酒、胡椒、醬油各少許　蔥半根　蝦米四分之一杯　乾香菇（大朵）三～四朵　竹筍（水煮）一百公克　蘿蔔一百五十公克　胡蘿蔔少許　沙拉油三～四大匙　水或高湯（包括泡蝦米與乾香菇的水在內）四～五杯　鹽一～二小匙　酒一～二大匙　太白粉將近一大匙　蛋二～三個　麻油、味素、蝦夷蔥少許

由**羹**做起。

1 豬肉用肩里肌肉、腿肉或是任何喜好的部分均可，一大塊切成一公分立方的肉丁，淋上少許酒、胡椒、醬油，醃十～二十分鐘入味。

2 蔥切碎，蝦米、乾香菇分別以溫水泡開，泡過的水加入高湯中。

3 泡開的香菇去蒂，切成與豬肉大小相同的香菇丁，竹筍也同樣切丁。

4 蘿蔔與胡蘿蔔削皮，同樣切丁，以鹽水燙過備用。

5 以中式炒鍋熱沙拉油，將蔥炒香。這時加入蝦米，再加入豬肉，炒到豬肉

完全變色。

6 待豬肉變色之後，加入香菇丁再炒，依序加入蘿蔔丁、胡蘿蔔丁、筍丁，再加鹽、醬油，酒沿鍋緣嗆入。

7 將炒好的材料換至湯鍋，加水（或高湯）來煮。太白粉以三倍的水溶開，待蘿蔔軟了之後，繞圈倒入鍋中勾芡。

8 蛋打散，繞圈倒入鍋中，最後加入胡椒、麻油、味素，熄火。蓋上鍋蓋燜一下，待餘熱將蛋燜到嫩熟，再攪拌整鍋湯。

9 蝦夷蔥切成蔥花。

計算羹煮好的時間來下麵。

10 乾麵放入大量熱水中，煮到喜好的軟硬，繞著倒入油，將麵攪散。

11 將麵分盛為一人份，加少許羹拌開，再淋上大量羹，撒上蔥花。算好時間，讓羹和麵同時起鍋，熱麵拌熱羹才好吃。

3 家人之絆

在此，必須簡單提及我的婚姻吧。因為有必要向讀者解釋，我為何會在東京以教導烹飪為生，為何不回台灣而留在日本生活。也是因為如此長期居留於東京，令我想起台灣的生活，這也是促使我思考雙方文化的遠因。

長榮女中高三時的辛永清。

我就學的英語系教會學校音樂教育盛行，我和妹妹都在這裡上課，專攻鋼琴與聲樂。學校每年兩度舉辦的音樂會十分受到當時音樂愛好人士的關注，我和妹妹也每次都獲選登台。

高中課程結束後，我便成為鋼琴專科生。在音樂會中，我不僅自己演奏，也擔任妹妹歌唱的伴奏，上台多次。而二十歲那年的音樂會一結束，便有人來提親。說是因為看上了在舞台上表演的我，所以來提這門親事。對象是還在日本求學的人，婚後將留在東京完成學業。

母親幾年前便漸漸將中饋的位置交棒給嫂嫂了，尤其是父親過世後，便從第一線退下來，深居簡出，似乎把我和妹妹這兩個較晚出生、還不到二十歲的女兒的成長，視為唯一的安慰。我開始認為自己要趕快長大成人，好讓母親安心。

唸長榮女中的辛永清和辛永秀姊妹，當時各為高三、初二，可以看出兩人感情親密。

妹妹從小就是個野丫頭，我乖乖在玩扮家家酒的時候，她就在一旁的樹枝上盪來盪去，要不就是大聲唱著歌兒爬樹，精力充沛，活蹦亂跳，片刻都靜不下來，母親、嫂嫂也管她不住。不知不覺，我便自然扮演起懂事的姊姊，來照顧這個野丫頭妹妹，而且從妹妹無論何時何地均引吭高歌的歌聲中，聽出優異的資質。

「妳要不要參加音樂比賽？」

「……我？」

某日，我建議妹妹參加音樂比賽。

「憑妳的歌聲，絕對沒問題。我們兩個一起練習吧！」

在那之前從未受過正式訓練的妹妹，只以我的鋼琴伴奏練習了指定曲，便在頭一次參賽中獲得第一名。就連拉她參加比賽的我，也萬萬沒想到會得到如此佳績，但看著她站在大批觀眾面前毫不怯場，大方展現歌喉的模樣，小時候那個調皮搗蛋的小女孩彷彿就在眼前。從此，妹妹便毫不猶豫地立志朝音樂之路邁進。

小我四歲的妹妹還要好一段時間才能從學校畢業。才華洋溢的她恐怕會希望繼續進修吧，也許還會出國留學。妹妹的歌聲動人，我自認為她的伯樂，如果可能的話，我希望她能成為一流的聲樂家。但這麼一來，妹妹出嫁勢必是許久之後的事了，那就對不起希望我們兩人結婚獲得幸福的母親。

我是不是該早點結婚呢？到今天為止，我也是一心投入在鋼琴中，並不是沒有懷抱過成為鋼琴家的夢想。但是，與妹妹的才能相比，我的夢想微不足道。假如兩姊妹都以音樂家為志，母親該有多麼擔心啊！我下定決心，既然自己才能有限，不如及早結婚建立家庭，好讓母親安心。

在台北舉行婚禮後，我隨同丈夫來到日本。當初並沒有想到會久居國外，所謂的妝

辛永清（左）與妹妹辛永秀（右）同台表演的珍貴照片。在日本草月廳舉辦，男主播與辛永清對談中文詩詞，而辛永秀則在旁演唱中國藝術歌曲。

奩一項也沒帶，只當是為期較長的長途旅行便離開了台灣，不料東京的生活竟會如此漫長。

我在音樂大學的附屬課程就讀，一面繼續學習鋼琴，一面為了補貼家用，在家中教授鋼琴，但來到日本的翌年孩子便出生了，我需要收入更好的工作。但是，沒有地方肯雇用一個帶著孩子的台灣女人。

鋼琴必須一對一教學，我思索著有什麼能一次教好幾個學生，於是想到了開烹飪教室。在故鄉，我家是出了名的擅長料理。我出生在這個家庭，從小便受到扎實的訓練，應該有資格教授烹飪吧？為了心愛家人的健康，為了讓家人愉快地圍繞在餐桌旁，烹飪是主婦的一大任務，而我至今所學，或許能夠用來教授別人，以便賺錢。

「烹飪教室招生」。

我大著膽子，把告示貼在居家的圍牆上。

有人願意來嗎……？

「妳要教什麼樣的料理呢？」

附近的太太們似乎早就注意到年輕又生活在異鄉的我，再加上由台灣人來教很稀奇，因此來了幾個人，於是我的家庭烹飪教室便就此開張了。

為了能多招攬一些學生，我每天早上騎著腳踏車，跑遍當時居住的私鐵沿線各區，挨家挨戶將招生傳單放進信箱。因為怕被人看見，我都是趁孩子睡醒前來到昏暗的街上，騎著腳踏車跑五、六個車站。用圍巾包著臉，避人耳目地騎著腳踏車的日子，令我回想起在南國明媚的晨光中，任裙襬飛揚，騎著腳踏車上女校的學生時代。在木造房屋林立的東京街頭走過一戶又一戶的自己，反而有如置身於奇妙的夢境。

其實這個時候，我的婚姻生活便已經開始瓦解了。原因我並不想提。就這麼說吧：我懷著幸福家庭的美夢來到日本，卻必須獨力維持生活。

當我決心靠教授鋼琴和烹飪，與孩子兩人在東京生活後，我便大清早騎著腳踏車，尋找適當的住處。因為是在家裡上課，地方不能隨便。我也希望母子全新的生活能有好的開始。一天早上，我知道有一棟在當時東京還很罕見的新建白色公寓大樓，便決定租下那邊的房子，帶著孩子離開夫家。

我依台灣文化中新娘的習慣帶來了金額不小的嫁妝，但幾乎都已用來應付之前的開銷，考慮到我手邊所餘和往後的日子，嶄新的白色公寓實在很奢侈，但我卻將僅有的錢全部拿來租房子。禮金、押金等等入住的費用是付清了，但下個月的房租卻沒有著落。我一心只想著我會工作，不要緊，只要能工作就能生活，奇怪的是，竟然沒有感到不安。

為了極力避免糾紛，我離開夫家時，只帶了孩子的東西和一點換洗衣物。

依照我的打算，鋼琴暫時採取到府授課的方式。我只買了最基本的烹飪用具和碗盤，以及餐桌和幾張椅子，烹飪課隔周便在新公寓開始了。

如今回想起來實在好笑，一開始我教的是西洋料理。三十年前，日本毫無在家做中華料理的傾向，當時是法國菜的全盛時期，說到學做菜，指的就是法國菜。由於我的舌頭訓練有素，懂得食物的味道，基本料理技術又扎實，因此雖然只是在學校學過，但一般西洋料理我都會做。而派、泡芙、海綿蛋糕等點心，家裡平常也會做，因此主婦太太們便到家裡來學法國菜和西點。

發傳單應該也有效，但很多學生是靠著口耳相傳而來的。「附近有個台灣女人在教做菜，好像還滿好吃的呢！」

從鄰家太太傳到車站前的仙貝店，再從仙貝店傳到古箏老師，上古箏課的學生們再傳給她們認識的主婦太太們，烹飪教室陸續被介紹開來，從沒有一個熟人開始的烹飪教室，竟意外聯繫起一大群人。等孩子上了幼稚園，便多了幼稚園的媽媽們前來，上了小學，則是家長會的媽媽們前來。如今想起當時教室裡的成員，還真令人懷念，尤其是女明星佐久間良子小姐的母親、日本畫家橋本明治大師的夫人、京王廣場飯店顧問高田賢先生的夫人。她們是女校同學，因而開起了一個十來個人的班級，持續了很長一段時間，即使是現在，仍偶爾召開同學會。從法國菜開始教起的烹飪教室，漸漸教起我娘家的家傳料理，最後變成專門教授台灣家庭料理了。

我當時才二十來歲，是武藏野音樂大學的校長福井直弘先生讓年輕又窮困的我盡情發揮所長。每當福井家宴客，便找我去，要我負責料理，從食材的採購做起，一切交給我全權處理。這是難能可貴的學習機會，讓我得以搜羅當時我實在買不起的好材料，自由發揮。每一次我都跳脫教室的框框，天馬行空地構思豪華、精緻又富有創意的菜單，準備別出心裁的宴席。

在自己家中教授烹飪，對有孩子的女人來說是最好的工作，生活儘管辛苦，但至少在職業上，能夠養活我們母子二人。而且不必將年幼的孩子留在家裡，能夠毫不勉強

辛永清在日本NHK電視台節目授課的現場。

地兼顧工作與育兒。但只有接受福井校長委託時例外。要準備幾十人份的全套晚餐，等收拾善後回到家，一定都是深夜了。才剛上小學的孩子得獨自看家，心裡一定很害怕，但孩子也十分體諒這是母親重要的工作，連一次都沒有露出寂寞的樣子。深夜悄悄開門回家，只見孩子已單獨吃過晚飯，在床上蜷成一團睡著了。

前來教室上課的學生們的反應，似乎也擴及意想不到之處。幾位活躍的料理研究家注意到我的料理，同時學生當中又有著作眾多的家事評論家的千金，或許也因此我的名字被傳開了。有一天雜誌社、電視台突然來電，讓小小的烹飪教室人仰馬翻。這是我當初單純為了補貼家用而開課時萬萬沒有想到的。

台灣的娘家知道我離開夫家的消息時，我的大哥正在美國。大哥大嫂臨時提早回國，飛到東京。那時候，我才剛搬到新家三、四天。大哥大嫂造訪了空空如也的公寓，什麼話都說不出口。

「別這麼委屈自己，帶著孩子馬上回台灣。」——大哥臉上寫著妳為什麼不這麼做的表情。幾位哥哥自從得知我們婚姻失敗以來，一再對我這麼說，但我要帶著孩子、兩個人住在東京生活的決心也堅定不移。哥哥完全視收留我們母子為理所當然，我也深知沒有任何一個哥哥會認為這是負擔、麻煩。假如孩子是女孩，也許我會這麼做。但孩子儘管年幼，畢竟是個男孩。

若接受兄長的照顧，我們就欠兄長一份情。孩子會怎麼看待這樣的母親？況且，他的母親家和父親家在台灣也小有名氣，免不了會有一些風言風語。我不希望孩子在這樣的環境下長大。母子兩人在舉目無親的日本相依為命，或許寂寞孤單；但相對地，我們不必在背後有人指指點點下生活，說我們是一家之恥，不必面對偽善的關心和浮面的同情。我希望男孩子要能不在意旁人的目光，培養他開拓自己未來的氣概。再說，即使切斷了夫家和我的緣分，夫家對兒子來說，依舊是重要的親屬。無論是我娘家還是夫家，只要我們不受任何一方的援助，將來無論何時回台灣，都能夠愉快地和親戚往來。我也希望他能夠有機會接受祖父祖母、叔伯姑嬸的關愛。

或許是認為對頑固的妹妹說什麼都是枉然，於是大哥說：「妳不要我們援助的心情，這我能明白，但是只有這個妳一定要收下，因為妳無論如何都不能沒有鋼琴。」

大哥大嫂從羽田起飛後，一台小小的冰箱和一架直立式鋼琴送到了我的住處。大哥大嫂眼見我明明要教授烹飪，住處卻連冰箱都沒有，又深知我無論快樂悲傷──尤其是悲傷時，都會坐在鋼琴前面。他們的體貼令我無限感念。後來我搬了兩次家，房子略略變大，冰箱也換成了大型的，但唯有鋼琴原封不動。今後，無論住進多麼寬敞的房子，我都不打算換鋼琴。因為那鋼琴充滿了大哥大嫂的心意，是我心愛的鋼琴。

在東京的生活沒有朋友，寂寞孤單，看來只是我個人的感傷。生於此、長於此的孩子不久便在這個國度交了許多朋友。兒子是生活在日本、以台灣為祖國的孩子。

辛家人瞭解鋼琴對辛永清的意義，辛永清逝世後，在日本住家的禮台上，特別這樣布置來紀念她。鋼琴上覆蓋的是辛永清三姊從中國大陸寄來的汕頭繡。

我們台灣人非常重視家人親戚。婚喪喜慶就不用說了，家長的壽辰、祖先的忌日冥誕等等，有事必定聚集家族聯絡感情。五、六十個人齊聚一堂，外人要弄清楚誰是誰非同小可，但只要留意孩子怎麼稱呼大人，無論多麼複雜的親屬關係，也能如同寫在紙上般一清二楚。在日本，父母的手足均稱為歐吉桑、歐巴桑，但在台灣，父親排行第幾的哥哥弟弟、母親排行第幾的姊姊妹妹、他們的妻子丈夫，每個人的稱呼都不同，根據稱呼，便能明瞭一大家族的關係。

中國文化中視禮儀為人際關係的基礎，孩子的教育首先從記住長輩的稱呼開始。我兒子也在會說話的同時，邁出台灣孩子的第一步。現今在中國大陸，基於控制人口的必要，一對夫妻只能生一個孩子，但一般人喜愛多子多孫，自古視孩子為一家之寶，孩子越多越好，迫使政府不得不如此限制。我家手足便有九人，每一戶親戚也有很多孩子，下一代自然而然便有許多歐吉桑、歐巴桑。

父親男性手足的稱呼，視比父親年長、年少而不同。兄為伯，弟為叔，而由最長的依序稱為大伯、二伯，或者四叔、五叔，依照兄弟排行加上數詞來叫。伯之妻為姆[5]，叔之妻為嬸，因此便是大姆、二姆、四嬸、五嬸。

在日本要區分各個歐吉桑、歐巴桑時，經常叫某某歐吉桑、某某歐巴桑，但我們是絕對不能以名字來稱呼近親的，只會以固定的稱呼加上數詞來叫。反而是遠親，或是極親近的外人，年長的男性稱為某某伯，年輕的則稱為某某叔，稱呼名字以示親近。

5 譯註：伯母之意。姆為伯母的台語漢字表記。

父親的女性手足則為姑。無論是父親的姊姊妹妹，都是姑姑，而其夫稱為姑丈，一樣是依長幼之序加上數詞來稱呼。

母親的男性手足不分哥哥弟弟均為舅，其妻為舅妗[6]。女性手足則為姨，姨之夫為姨丈。同樣是加上數詞，稱大舅、大姨、二舅、二姨等。我在六個姊妹中排行第五，我姊妹的孩子都要叫我五姨，哥哥的孩子則要叫我五姑。我和丈夫分手了，因此甥兒甥女、姪兒姪女們沒有五姨丈或五姑丈。

姨不僅可以用來稱呼母親的女性手足，和叔、伯一樣，也可加上名字成為某某姨，用來稱呼親近的外人或遠親。

日文裡的爺爺奶奶則是祖父、祖母。祖父母的手足，若是祖父之兄稱伯公，弟稱叔公；其妻稱姆婆、嬸婆，在伯叔姆嬸之後加上公或婆。

親戚各有各的稱呼，應該是中文獨有的吧。我沒聽說英語、法語等其他外語有這種說法，但要記住這麼多的稱呼，恐怕只有牙牙學語的幼兒靈活的腦袋才辦得到，據說對後來才學中文的人而言相當複雜難記。

台灣孩子一到了五、六歲，年紀雖小，卻能把這些稱謂全都記住，也不會叫錯。每當親戚聚集，便由母親陪同，在家人之間一個個教：這是大伯，這是大姆。一組母子過後，便由下一組母子上前來問候。母親總是叮嚀孩子，與長輩說話時要看著對方的眼睛，仔細聽話之後好好回答，無論是活潑外向的孩子，還是害羞內向的孩子，都要努力走完一圈。接受問候的長輩，對孩子的問候方式或話語加以稱讚或修正，並為孩子準備好話題，諸如：「這陣子幼稚園怎麼樣啊？」或「聽說你養狗呀？有沒有好好帶狗去散步呢？」讓孩子們練習與長輩對話。

親戚中的孩子年紀尚幼時，配合的大人也必須很有耐性，但這樣的教導非常重要，必須讓孩子們在步入社會前於家族中養成習慣，因此大人也會不厭其煩地細心應對。

生活在台灣，常有家族團聚的機會，即使不這麼拚命練習，看到叔叔伯伯自然而然便會記住，但住在東京的我們就只有母子倆。於是我排好椅子，告訴孩子伯伯、伯母坐在這裡哦，然後大伯、大姆、二伯、二姆……唸咒般地每天練習。

我希望將來帶兒子到台灣去時，他能夠好好地問候親戚長輩，不僅是我這一家的，還有他父親一家的，我希望他是個得人疼的孫子、姪子。兒子比較吃虧，必須學習中文和日文兩種語言，再加上得記住複雜的親戚稱呼，負擔實在太大了。但是，正因為他是生於東京的台灣人，我更希望他能牢牢記住自己是什麼人、自己屬於什麼樣的家族、對自己而言的家是什麼。我認為橫跨兩個國家而生的兒子，不能像株無根之草。

---

6 譯註：舅媽之意。舅妗為舅媽的台語漢字表記。

辛永清從日本回到故鄉台南的安閑園，帶著年紀約幼稚園大班或小一的兒子辛正仁，與妹妹辛永秀合照於石橋旁，手裡抱著安閑園裡養的小白兔。

我終究希望他擁有重視家族的中國文化的精神根本。

由於丈夫的雙親想看孫子，於是我在相隔許久後回到台灣。看見小小的兒子沒有枉費練習的結果，問候了大批親戚也沒有出錯，我不禁覺得肩上的擔子放下了一半。我覺得很驕傲，因為這代表與丈夫分手後，我仍然將孩子教得很好，也代表著我們母子雖然離開祖國單獨在國外生活，仍遵守著台灣重要的習慣、傳統。即使生在日本、長在日本，這孩子仍是堂堂的台灣人。我的安心，也是有感於我身為一個母親，已經將一個文化穩穩地傳遞到兒子手中。

前夫的父親執起我兒子的手，望著孫兒的臉，片刻無語。是可憐這孩子只有母親單獨養育，也是傷心自己的兒子必須與孩子分離的不幸。我深切感受到這份父母愛子之心，不禁再次思索起聯繫著人與人的羈絆。

「安福大龍蝦」的作法

這是我於武藏野音樂大學福井校長家中所做的豪華宴客料理之一。中文稱為龍蝦的伊勢蝦令人聯想到龍舟，這道菜氣勢雄渾。

材料：伊勢龍蝦四尾　沙拉油一～二大匙　酒少許　鹽少許　蛋白一個
太白粉約兩大匙　炸油　草菇（罐頭）一百五十公克　竹筍（水煮）七十公克
胡蘿蔔半根　青椒二個　豬油二大匙　高湯三分之二杯　鹽半小匙　麻油少許
胡椒少許　蘿蔔嬰一把　冬粉十五公克

1 把伊勢龍蝦的頭與身分離，將肉取出。其中一隻的殼當作盛盤裝飾，因此要洗淨汆燙。
2 將蝦殼的水氣擦乾，淋上熱沙拉油，使蝦殼更加紅豔。
3 蝦肉切成一口大小，以酒、鹽稍加調味，加上蛋白、太白粉拌勻。
4 蝦肉以中溫（一百三十～一百五十度）的炸油過油，約八分熟時撈起瀝油。

5 草菇切片，竹筍、胡蘿蔔、青椒分別切成一公分的小丁，胡蘿蔔先燙熟。
6 以中式炒鍋熱豬油，以大火先炒草菇，接著加入竹筍、胡蘿蔔、青椒，從鍋的內側倒入酒，加入高湯、鹽調味。
7 以太白粉加水勾薄芡，加入過了油的蝦肉，最後以麻油、胡椒添香。
8 冬粉維持原有的長度，直接以高溫油炸，迅速起鍋。
9 盛盤時，先將冬粉掰成方便食用的大小，鋪在大盤上，伊勢蝦的頭與身略微分開放置，讓蝦看起來更大，再盛上烹調好的蝦肉與蔬菜。只切下蘿蔔嬰的葉片，撒在四周作為點綴。

伊勢蝦看來雖大，可食用的部分卻很少，盛盤用的殼雖然只需一尾，蝦肉卻必須多備一些。

4 血液料理知多少？

法國人和德國人都喜歡吃雞血、豬血，我們也愛雞血、豬血料理。將新鮮雞血凝固稍微煮過，其美味無可比擬，切開剛起鍋的雞血，熱騰騰地蘸一點大蒜醬油來吃。剛煮好的雞血感覺就像巧克力色的蒟蒻，但嚼勁不像蒟蒻那麼硬，大約是介於洋菜和果凍之間吧。熱騰騰的雞血放進加上檸檬汁及香菜末的大蒜醬油裡浸一下，只是這樣而已，吃起來卻一點腥味都沒有。在一旁等著雞血起鍋，一切下來便一口接著一口吃下肚。

冷卻的雞血則是煮湯吃。白菜湯、魚湯、蝦丸湯等等，配合湯料的大小將雞血切塊，起鍋前加進去，常見的湯立時美味百倍，成為一道美食。

台灣自古就認為女子不會殺雞便不能嫁人。憑女子之力不能殺豬無可厚非，但不會殺雞做菜就稱不上女人。一個女人不但要懂得裁縫，還要具備殺雞、包粽子、做年糕這三樣本事，否則無法勝任一家的主婦。然而最近情況不同了，這樣的想法也已經慢慢成為傳奇故事。現今仍有許多家庭自己包粽子做年糕，但台北、台南也像東京一樣，越來越多人都住在公寓裡，想在自己家裡養雞殺來吃已成空談。街上當然買得到處理好的雞，幾年前起，也開始有煮熟的血了。最近幾次回台灣，我都會上菜市場，看到賣雞血、豬血的，不禁回想起這些東西以前都是家家戶戶自己做的。

要做雞血料理「糯米雞血」時，首先必須準備磨利的菜刀。刀要磨利到稍稍一碰便會劃破手指的程度，要不然雞儘管注定被殺卻遲遲死不了，未免太可憐。在殺雞的半天前，便要將糯米洗好瀝乾，然後放進塗過植物油、像湯盤一樣大的深盤裡。一切準備萬全後，再去抓雞。選定一隻肥嘟嘟、正適合吃的雞，讓孩子們在後院追逐抓來之後，母親便會先拔除雞喉嚨的毛，綁住雞腳，再將雞牢牢夾在雙腿之間。按住雞使雞無法掙扎，再把裝有糯米的盤子放在面前，一刀朝雞脖子劃下去。我們緊張的守候，隨著菜刀瞬間移動而噴出的鮮血，轉眼就流滿了一盤。若取得好，一隻雞大約可以取出三分之二杯的血。血必須平均而平坦地流入盤中。雞不久便會疲軟不動了。

過了一會兒雞血凝固，整塊以盤為模的糯米便可順利脫模。這塊糯米要放入沸騰的熱水中煮，等糯米熟了就可以吃了。雞血恰到好處的彈性和糯米的口感，讓糯米雞血擁有無可言喻的魅力。從抓雞、七手八腳的一場混仗，直到脖子上那一刀，年幼的孩子們滿懷期待地等著，既不覺得可憐也不感到殘酷。有時也會用一般的米來做，但糯米的黏性和雞血的彈性相當，用糯米做起來更可口。

飲食習慣真的很不可思議，像這樣的雞血料理也好，宴客時經常在院子裡烤的整頭乳豬也好，日本孩子要是看到雞被割了脖子，或將豬仔開膛剖肚、整隻來烤的情狀，恐怕會噁心昏倒，能不能好好享用稍後的餐點都是問題。但是，台灣孩子對這些卻毫不在意。不僅不在意，一想到剛烤好的乳豬柔嫩多汁的肉和香酥可口的皮，便饞涎欲滴，滿心幸福。守在火邊寸步不離，巴不得豬肉趕快烤好，愉快地看著乳豬一圈圈轉呀轉的，漸漸越烤越小。被爐火燻得雙頰發熱泛紅，期待著美食而心跳加速，不由得口水直流。

豬血在德國是做成香腸，台灣雖然也經常用來做香腸，但當我們拿到今天一早剛屠宰的、真正新鮮的豬血，還是以凝固後水煮來吃風味最佳。雞血和糯米是絕配，因此雞血料理可說是少不了糯米，但豬血則不然。豬血是單純將豬血凝固後來煮，主要是加在蔬菜湯中來吃。有時會加在像日本料理的「雜煮」那樣有粿的蔬菜湯裡。這時候的粿最好是用口感和豬血近似的一般的米，也就是日本所說的，像進口米那種黏性低的米做成的，不要用糯米做的年糕。雖然這些料理都好吃，備受我們台灣人喜愛，但我還是認為真正好吃的豬血不需要其他配料，簡單煮湯才是最美味的。用雞熬成的上等雞湯，加入豬血，撒點提味的韭菜就行了。這種清爽的組合最得我心。

我們家姊妹六人，前四位都是傳統的優秀女性，學會了怎麼殺雞才出嫁的。尤其是住在台北最小的姊姊，至今仍堅持自己親手殺雞，用新鮮雞血來做「糯米雞血」，連豬血腸也自己做，但我和妹妹兩人其實不敢殺雞，是不中用的女人。要收拾、處理殺好的雞對我們來說輕而易舉，但無論如何就是不敢朝雞脖子劃那一刀。但是，就連這個姊姊每次想起頭一回殺雞，都還會說：「那時候好怨媽媽啊。」

明明從小就看慣了，沒把殺雞當一回事，但一旦母親下令「妳來試試」的時候，大概是抓來的那隻雞剛好特別肥、特別生猛吧，一刀下去的同時，雞掙扎起來，淌著血滿院子亂跑。姊姊又驚又嚇，發著抖，眼淚就要奪眶而出，母親卻嚴厲地說：「重新來過。」

家中大廚和好幾個廚房的女人明明就在旁邊，姊姊一心以為剩下的會有人代勞，但母親說一不二，姊姊只好哭著再次拿起菜刀。這時候如果不好好教導，既無法給傭人立下榜樣，若是自此嚇壞了不敢殺雞就更麻煩了。將來出嫁，不能親身示範教底下的人，便無法掌管一個家。

兄弟姊妹中就屬我個子最小，但母親比我更嬌小，身材纖瘦，乍看之下，是個什麼都不會、一味文雅嫻靜的人，但母親卻堅信，好吃的東西最重要的便是自己動手做，以此為主婦的信條，在大宅內開闢菜園種菜，也養許多雞，早晚都勤於照顧。一早梳洗完畢，頭一件事便是來到後院，和長工一起巡視菜園。菜園裡除了葉菜類，還種了馬鈴薯、芋頭、落花生等等，後院僻處便是一片廣大的竹林，一到夏天，我每天一大清早就被叫醒，帶去挖竹筍。因為竹筍只要稍稍長過頭，就會變硬，味道會變差，因此無論如何都必須每天早起去巡視。

日本的竹筍屬於春天的作物，但在我的出生地，依竹子種類不同，產期各異，其中以盛夏出產的竹筍最為可口。這種叫作「綠竹筍」的竹筍非常甜，好吃得令人不敢相信那是竹筍。把大清早挖起來的竹筍立刻水煮，切成薄片蘸醬油吃。又嫩又甜，味道和其他竹筍截然不同，有一次我託人從台灣送來了現挖現煮的綠竹筍，我事先答應桐朋學園三善晃老師送去給他，三善老師說，完全顛覆了他對竹筍的印象。那是請人帶著現挖現煮的綠竹筍登上一早的飛機，我這邊也是到機場，等飛機一落地便直接送過去。由於台北、東京之間有空運時間，不能算是真正的現挖現煮，但即使如此，綠竹筍的滋味依舊無與倫比。

早上現煮薄切，蘸醬油吃，中午則做成「綠竹筍飯湯」。這是一種湯泡飯，可以說是茶泡飯式的鹹粥吧。在台灣，台南也是一個在食物上得天獨厚的地方，又近海，只要去菜市場，看到的蝦子都是活的。無論大隻小隻，各種蝦子無不活跳生鮮。每天早上吃過早飯，主掌一家廚房的主婦就會先上菜市場買菜。菜市場從早上六、七點就很熱鬧，到了八點左右，幾乎每戶人家都已經買完東西。九、十點就只能撿賣剩的了。母親也是每天都坐人力車或自家用車上菜市場。由車夫旺盛或司機林先生雙手提著籃子跟在母親身後。母親會和大廚討論菜單和料理作法，也會交由底下人去做，但唯有挑選材料這件事，母親絕不假手他人。除了上菜市場外，挑選後院菜園的菜、家畜宰殺的時機，一定都是由母親自己來。

從菜市場買回當天一早撈捕的小蝦，活生生的直接剝殼。綠竹筍則直接切絲。當天早上現挖的綠竹筍不澀不苦，完全不需要事先燙過。竹筍炒到略呈透明時，便加入蝦子，加點鹽、胡椒，盛在熱熱的飯上，再淋上熱湯，一口接一口地扒進嘴裡。湯可以用雞湯，或是蝦頭熬的湯。在炎熱的夏天中午，揮汗吃這道湯泡飯，美味難以形容，一面吹著熱呼呼的湯，一面扒進嘴裡，連腦袋裡都大汗淋漓，反而忘了炎熱，只覺再多都吃得下。

後院裡除了雞，也養豬和火雞。豬主要是由大廚和長工負責，母親要我們幫忙照顧雞和火雞。將蝦夷蔥般細的蔥切碎，加上捏碎的豆腐，就是家禽的飼料，每天早上都要切蔥當作飼料，因此早上院子裡都會響起咚咚咚規律清脆的聲音。母親擅長孵小雞，總是順利地從雞蛋孵出小雞，但小雞一生病，母親便會施以奇特的治療。一開始會給藥，但到了實在不行的時候，母親就會將小雞放在水泥地上，蓋上金屬臉盆，再晃動臉盆，讓臉盆卡嗒卡嗒聲大作。裡面的小雞當然受不了，會嚇得站得直挺挺的。這是一種震撼療法，但再怎麼想，病都不可能因此痊癒。但神奇的是，快病死的小雞當中，真的有些受到震撼而復元，這時候母親就會露出天真無邪的愉快神情說：「很有效呢！」我在別處從來沒聽過這種治療方法，所以我猜那一定是母親自己發明的。

死去的小雞由我們一隻隻命名埋葬。當雞瘟流行，孩子們就忙著挖墓，但我們只會幫小雞做墳墓，至於吃進肚的雞，我們倒是從來都沒有想過。小雞是可愛的寵物，但長大的雞是食用的，在孩子心中，對於這項明確的劃分並沒有心生抗拒。

母親陸續生育了四個女兒，也嚴格訓練女兒廚房裡的本事，但到了與姊姊相隔一輪的我時，母親年紀大了，時代也變了，或許是考慮到，將來女兒不會過現在說起來十分奢侈難得的半農家生活，就連殺雞的方法，也是看我畏縮就沒有再強迫我學。母親萬萬沒有料到，這個女兒將來會在國外以教授烹飪為生吧。連一隻雞都不會殺，若在從前會被認為是不合格的女人。母親那時候怎麼不像對待最小的姊姊一樣，不顧女兒埋怨媽媽狠心，也硬逼著我學呢——時至今日，我還會任性地這麼想。

雖然終究還是不敢殺雞，但我從小就喜歡做菜，經常在廚房裡鑽來鑽去，也經常被叫去幫忙。其中最細膩繁瑣的工作，非處理燕窩莫屬，但粗活兒的代表，應該算是蒸活鰻時按鍋蓋和醃豬肉吧。不知是否出自於中醫的想法，台灣人喜歡將活生生的食物直接料理，蒸活鰻是常見的烹調法。若是很大條的鰻魚，女人的力氣就應付不來了，得由人高馬大的廚師大水粗壯的手臂牢牢按住。要按住鍋蓋直到鰻魚安靜下來，有時候一按就是老半天。

醃豬肉則是重要的存糧，以前沒有冰箱，因此母親會製作各種存糧。父親愛吃其中的醃豬肉，是我們家常做的存糧之一。當家裡養的豬長得圓圓胖胖，母親便會特地騰出時間來做醃豬肉，請專門的屠夫來殺豬。家裡實在沒辦法自己殺豬，這也不是廚師的工作，因此還是要請專門的屠夫。

面朝後院的廚房屋簷底下是水泥地，可以用水直接沖刷，在這裡殺豬，事後清理很方便。血當然是做成豬血，煮成可口的湯。我們拿起菜刀對付解體後的大塊豬肉，分別切成大小有如攤開的雜誌、厚如座墊的方塊。要切開厚度十足的大塊生肉很累人，我們默默地運使菜刀。然後準備好約孩子高般的大甕，在甕底鋪上粗鹽，將肉放進去，再鋪一層鹽，再放肉，這樣層層疊疊，直到裝滿一甕。將滿到甕口的甕嚴嚴實實地封緊，在陰涼的地方放上一個月，可口的醃豬肉便完成了。若是在天冷季節，醃豬肉可放上兩、三個月，燙軟後切薄片，用燙肉的湯調成醬油醬汁，加上蔥薑調味，和生菜一起吃。醃豬肉的美味大概可以用生鮭魚和鹽鮭魚的不同來比喻吧，另有一番不同於生肉的醇厚風味，因此製作醃豬肉其實並不單是為了保存，更是為了品嚐醃豬肉的美味。

我們也醃魚。一入冬就特別肥美的大土魠，一次買好幾條，切成二、三公分厚的圓片，用鹽醃。魚則是放上半個月就吃，料理時不必泡水去鹽，直接以油兩面煎，或是切成一口大小，和五花肉一起煮湯。土魠湯只要仔細撇油去渣，再來只要撒上薑絲，不需要其他調料，就非常美味了。等肉吃得差不多，再把剩下的湯汁拿來拌飯，又是另一種美味，是平日的一道家常好菜。

在日本，湯泡飯叫作**貓兒飯**，代表著沒規矩，但我們卻不覺得是什麼失禮之事。即使許多人同桌吃飯，像這樣將湯或是菜餚的殘汁拿來拌飯，也無傷大雅。當然，宴客時不會這麼做，但在一家人的晚飯桌上，這絕非惹厭的舉動。用茶來泡飯反而會遭到嚴厲斥責。像這些台日文化的不同之處，沒有好壞之分，純粹是人們遵循這樣的生活習慣而已，因此到了彼此的國家，也只能學著理解吧。

我小時候，有個來廚房幫忙的阿姨叫作松婆。她瘦瘦高高的，是個大個子，無論是廚房的事也好，洗衣服也好，凡是雜事她樣樣都做，但她和住在家裡的傭人不同，吃飯從不慢慢吃。從早上來到傍晚回去，彷彿深怕浪費時間似地，裡裡外外忙東忙西。

吃中飯時，傭人們會聚在廚房的餐桌旁，像絕大多數的台灣人一樣，花時間慢慢邊聊邊吃，但唯有松婆會端著一個大碗，從每一盤菜裡各挾一些盛在飯上吃，坐也是勉強在桌角坐個樣子。叫她好好從盤子裡挾菜吃，她也不聽，最後則是拿湯泡飯匆匆扒進嘴裡。

因為每天都這樣，母親提醒她這樣會把身體搞壞，她卻說：「夫人，那實在太浪費時間了。」一吃完便著手去做下一件工作。到了下午兩點左右，便說要去睡一會兒，告訴她傭人的床空著，她也是找間空房就直接倒在地毯上，而且二十分鐘後便已起身，還直唸著「太浪費太浪費」，然後又開始工作。

盤子裡的汁液剩下也可惜，手稍微空著也可惜，一提到松婆，我們就馬上想到：哦，是那個可惜婆婆。母親很擔心她一直這樣下去只怕會短命，但松婆卻比母親還長壽，不但送走了母親，聽說現在高齡近九十了，仍然精神旺健。一說到殘汁拌飯，我就會想起白飯上頭每種菜都放上一點來吃的松婆。飯吃得那麼急固然不好，但我想那對松婆來說，也許是最美味、最喜歡的吃法吧。

我也愛吃殘汁拌飯。可口料理的最後一口，或是食欲不振的時候，還是覺得這樣吃最開胃，就會把盤子裡剩下的汁液倒在白飯上。我都把在烹飪教室當助手的人當成自家人，所以工作結束大家一起用餐時，我會拋下日本的習慣，忍不住就把殘汁倒在白飯上吃，偶爾有新來的人，便會睜大眼睛盯著我看，但只要告訴他們，在台灣大家都是這麼吃的，他們就會馬上理解。而且幾乎每個人都不討厭湯汁拌飯，也會說那我也試試看，跟著唏哩呼嚕地吃起來。

日本也有鰻魚丼、親子丼、豬排丼等等把配菜和醬汁淋在飯上吃的飯食，下次大家吃中華料理時，不妨試試將盤子裡剩下的肉汁淋在白飯上的中式吃法。這道特別料理保證好吃。

醃著魚、肉的瓶子擺在廚房面北的廊下。延伸出去的長廊簷下是鋪著石塊的走廊，通風良好，是個涼爽的地方，正好作為我們家的糧倉。不僅是醃漬類，還放了大大小小形形色色的瓶罐，有皮蛋、味噌、豆腐乳、鹽、糖、米，還有麵粉、太白粉等粉類，以及好幾種豆類，堆得滿滿的。台灣人無論什麼東西都喜歡大量貯存，這些東西總是一袋好幾公斤的整袋整袋買。我們覺得讓可保存的食品見了底很忌諱、不吉利，因此無論何時打開蓋子，裡面的東西都要是滿滿的。

有時候直徑達一公尺的大缸裡還會有活鰻魚或是甲魚。在菜市場裡買來的鰻魚或甲魚，會先放進缸裡養肥。養著活生生東西的缸似乎對男孩子具有無窮的吸引力，總有人時不時往缸裡看。雖然嚴厲警告孩子們不准去逗弄甲魚，但小姪兒們還是會拿棒子去戳，每次總要挨大廚的罵。鰻魚也就罷了，甲魚經常會反擊，咬住調皮蛋的手指。一聽到「哇啊！」的哭聲，廚房裡的人便知道又有人淘氣了，連忙趕到屋外。但在台灣，甲魚可是有一被咬住要等打雷才會鬆口、掛在手指頭上過五座橋才放人的說法，再怎麼哭喊都沒有用。大廚無奈，只好拿出菜刀，於是當晚便臨時改吃甲魚料理。

甲魚是非常滋補的食品，因此一般是有人最近比較疲累，或是當晚父親、哥哥等男性成員全都到齊時，才會出現的菜色，所以尋常日子裡突然端出甲魚，一定會有人問孩子們：「哦，今天是誰調皮搗蛋了？」白天的淘氣完全藏不住，只見闖禍的本人坐在餐桌旁忸忸怩怩的，一張臉脹得通紅。

孩子手指被咬的時候自然如此，而烹調甲魚頭一件事同樣也是砍頭。因為一旦甲魚把手腳、頭尾縮進殼裡，人們就奈何不了牠，所以要有技巧地引逗，挑起甲魚的鬥志，讓牠咬住棒子。咬緊之後將脖子拉出來，以鋒利的菜刀一刀斬下。這時候泉湧而出的甲魚血據說對身體很有益處，因此以杯子接血，加入去腥的酒（白酒：米做成的燒酒），直接生飲。這樣的東西本來該讓男人來喝，但宰殺甲魚無論如何都是白天，只有女人在家，因此在我家都是由嫂嫂喝。

我雖然喜愛雞血、豬血料理，但我和母親都怕甲魚血，幾乎不喝。我想嫂嫂喝那個不是為了好喝，而是為了有益身體，不過似乎真的有效驗。嫂嫂是我們家最有活力的人，而且天不怕地不怕，當女人實在可惜。到了當奶奶的年紀，仍周遊世界各國，毫不畏懼。那份勇往直前的積極，也許甲魚的鮮血也有幾份功勞吧。然而，可能效驗太強了點，嫂嫂什麼都想管、什麼都想試，有時候不免會想避著她，「要是被嫂嫂知道就不妙了，她一定會說她也要試試。」男人們打什麼歪主意的時候，一定會極力避開嫂嫂，趁嫂嫂還沒到就提早收拾好，但還是比不上耳聰目明的嫂嫂，絕大多數時候仍是得讓嫂嫂管上一管。

甲魚沒什麼腥味。去殼之後長時間燉煮，由於全身很多地方都是膠質、軟骨，因此整隻甲魚會變得非常軟爛，吸吸啃啃，不知不覺就吃得乾乾淨淨，一滴都不剩。只不過，啃完之後，嘴巴旁邊會留下一圈過了好久都還是黏黏的東西。隔水和中藥一起蒸，或是煮成湯，也可以先過油再滷，做成像東坡肉那樣。我最喜歡的是用中藥加上大量老酒燉的湯，中藥除了有當歸、韓國人參、枸杞之外，也有像香草袋那樣，放入裝有許多藥材的藥包。

甲魚和鰻魚都是營養價值很高的料理，一年四季都會吃，但在我們的國家，會避開盛夏食用。日本是於夏季土用期間[7]為預防熱衰竭而吃鰻魚，相反的，中醫認為盛夏應

7 譯註：指立秋前的十八天。

該要吃去熱清爽的東西，要儲備精力以度過酷暑，所以我們覺得在夏天前，春夏交接之際氣候好的時候，好好攝取營養才是最重要的。日本的夏天和台灣的夏天炎熱的方式或許不同，但夏天我們會避吃對腸胃造成負擔的東西。或許是意在增強體力吧，我們家除了三餐之外，也會吃甲魚，對出門工作的父親、哥哥們說，今天下午三點吃甲魚，當天大家就會先回來一次，在點心時間齊聚一堂。忙碌的男人們設法騰出時間回來喝茶吃點心，該說是社會清平呢？還是說有了美食吃就忘了一切呢？一家團聚吃甲魚的午後，實在是非常具有台灣風情的悠閒時光。

幾年前，我曾經帶料理研究家江上榮子女士一家人來台灣。趁我和兒子掃墓之便，邀約江上一家一同前來，他們賢伉儷就不用說了，連孩子們也不愧是繼承了江上登美老師的血統，不但懂得吃，而且一家人都很會吃。難得來台灣一趟，我希望能讓他們品嚐東京吃不到的東西，好讓他們驚呼：「哇，這是什麼？」

「這種東西能吃嗎？」

於是我拜託兄弟姊妹家，端出種種不可思議的料理，但他們完全不為所懼，來者不拒。滷雞腳、滷鴨掌、大腸糯米等等，讓我明白了辛家能吃的東西，江上家也都能照單全收。姑且不論外表，每一樣都非常可口，不是什麼古怪料理。尤其我們辛家代代相傳的家傳之味，大都偏好清淡，自己說雖有自賣自誇之嫌，但至少還有「品味高尚」的美名。

「大腸糯米」，也就是灌了花生、糯米的豬大腸，若說出食材，恐怕會嚇壞日本人，但在不知情的情況下品嚐，應該只會覺得好吃吧。多少有這種傾向的人，還是只管吃好吃的東西就好，最好別問：「這外層有點嚼勁的皮是什麼？」

以大腸入菜時，必須刮掉不少大腸內壁，由於東京沒有理想的業者販賣，因此這是我在東京家鮮少做的菜色之一。一聽到大腸，第一個念頭也許是髒，大腸的確是穢物通過的地方，因此首先要拿筷子之類細長的棒子，將裡面的東西完全清除，接著把內側往外翻，刮除內壁之後，再以粗鹽、明礬[8]充分揉搓，去除黏液和腥味。較老的豬的大腸也會較髒、較肥，因此以小豬的大腸為佳。將用水泡軟的糯米和花生以油炒過，加鹽調味，再讓米和花生吸收一點酒。想吃軟一點的，便視情況添加高湯，然後灌進大腸。灌飽的大腸直徑三公分至五公分不等，大小因豬隻而有相當的差異。下水煮之前，要先以針四處戳洞，以免腸壁爆開，煮好後，切片蘸醬油吃。我家最引以為傲的，是用自家後院菜園裡現挖的花生來做，而且辛家不僅「大腸糯米」有名，花生

8 編註：現在已不用明礬和粗鹽處理內臟。一般飯店廚師是運用蔥、薑、花椒粒和米酒搓揉，來去除腥味。

料理也頗獲好評。這次為我們做「大腸糯米」的姊姊，據說用的是從夫家親戚農家產地直送的現挖花生。

話說，江上一家人連聲讚好地將我們準備的東西一一消化完畢。終於到了臨走那天，在台灣的最後一頓飯由妹妹招待午餐。妹妹十分起勁，聲稱：「今天一定要讓客人大吃一驚，我可是準備端出雞血、豬血哦！」

身為聲樂家的妹妹因為演出經常不在家，掌廚的是幫傭的雅子。雅子真的就叫雅子，當然是台灣女人，但因為妹夫是日本人，便管她叫Masakosan。她到妹妹家已將近二十年，從孩子的功課到家事一手包辦，而且廚藝高超。這位Masakosan大顯身手，表示：「就算是江上老師一家人，八成也不敢吃這個。」帶著不懷好意的笑容送上血液料理。但該說是不出所料呢，還是遺憾呢，一家人說著：「這個真好吃。」吃完又再添，把菜吃得乾乾淨淨。請人家吃飯，卻存心要端出客人不敢吃的東西為難客人，這樣的用心卻完全落空了，這場比賽由江上家大獲全勝。但是，端出來的每一道菜，客人都讚不絕口而且真心地開懷大吃，一眾辛家人也輸得開心，好一趟愉快的旅行。

「豬血菜絲湯」的作法

豬血在日本恐怕很難買得到，但在此還是介紹一道豬血湯。因為湯裡加了粿，就算沒有豬血，也算得上是一道湯品。

材料：（四人份）雞高湯四～五杯　韭菜一把　豆芽菜一百公克　蔥三分之一根　胡蘿蔔少許　大蒜一瓣　鹽一小匙多　酒二大匙　醬油少許胡椒　麻油　豬血　粿

1 豆芽菜去頭尾洗淨，蔥、大蒜切末，胡蘿蔔切絲。
2 粿切成細條，豬血切薄片。
3 起油鍋爆香蔥、蒜，沿鍋邊嗆酒。
4 加入高湯以鹽調味，去浮渣之後，放入蔬菜和粿，以少許醬油提味，加入胡椒和麻油添香，加入豬血，撒上韭菜。

重點是高湯要好，但最近雞架子熬不出好高湯，所以我會用雞腿或雞翅來熬。要熬出四～五杯高湯，大約需要一～二根雞腿或雞翅。雞肉先抹鹽，鹽的分量要多一些，在冰箱冰一晚，翌日把鹽洗淨之後，加熱一～二小時熬成高湯。

台灣粿和日本的大不相同，是用蒸籠蒸的。

〈粿的作法〉

材料：米（盡可能用黏性低的）十杯　水八～九杯

1 米洗淨，泡水一晚。

2 將米瀝乾，加水以果汁機打成液狀。

3 模具（木製或不鏽鋼製）放進蒸籠，鋪濕茶巾，煮開大量的水加熱。

4 待蒸籠熱度夠了，將米漿倒進模具中，先以大火蒸三十分鐘，再以中火蒸一小時（途中要注意熱水是否燒乾）。

5 以竹籤刺入，再由沾在竹籤上的米漿來判斷，亦可試吃，沒有生味即可。

6 連茶巾帶粿一起取出，放涼後取下茶巾。先在菜刀上抹油再切片。

盡可能使用黏性低的米，也就是所謂的進口米。在蒸籠裡放模具，是為了讓模具四周都充分沾上蒸氣，也可以使用底部可脫模的蛋糕模具。

這裡做的是基本的白粿。在裡面加入炒過的蝦米和蘿蔔，便是蘿蔔糕；加砂糖就是甜的甜糕，經常當作點心。

5 佛堂的供品

台灣的傳統住宅大都以佛堂為中心而建。我出生於台南市中心的一幢水泥大樓，後來搬到郊外名為安閑園的家，房子雖然備有淋浴間、沖水馬桶等現代設施，相對較新，但由於父親深切尊重神明，我家的佛堂依舊設置在家中最重要的地方。舉凡除夕、家長壽辰、一家之主的活動、儀式全都在佛堂舉行。經常也在這裡聚集大家族召開家族會議，哥哥們娶親的婚禮也是在這裡舉行。

佛堂是個細長形的大房間，左右沿牆整排是高背椅子與茶几相間而放，正中央則大大地空出來。親戚聚集時，大概坐得下五、六十位大人，沒位子坐的孩子則各自搬凳子，坐在房間中央。細長的房間盡頭，是占了整面牆的大佛壇。黑檀木佛壇的雕刻精緻，由中央、左、右三部分組成，正中央祭拜的是觀音，面向佛壇的左邊是祖先，右邊則是天公和大道公。

早上父親洗完臉，便會直接進佛堂，花很長一段時間做早課。我們上學前只要繞到

辛永清三姊的結婚合照，攝於安閑園的佛堂前。新人位於第一排中間，三姊左側是爸爸辛西淮，辛永清是右二，辛永秀是右四。

佛堂，在門口朝裡一拜就可以出門，但父親則要分別為觀音、祖先、神明點上蠟燭，上了香，再久久祈禱一番。有時候因為太久了，便問父親都求些什麼，父親一定會說：「家庭，社會，這個城市，我們的國家，世界和平。」每天早上從家人平安乃至於世界和平要拜上一整套，當然花時間，有時遇上向神明請教家中問題或事業的日子，那麼父親的拜拜時間就更久了。天公、大道公這兩位是我家很重要的神明。天公是統治全世界最偉大的神明，大道公則是天公手下的神。天公手下還有其他眾多神明，各司其職。其中，就我所知，親戚朋友家中最多人供奉的便是媽祖。媽祖掌管海洋，保護海上船隻安全，據說尤其受到經常出門在外的人或漁夫們信奉。我體弱，記得我的主治中醫師他們家裡，也是供奉媽祖。

我家的大道公應該是掌管學問、事業與闔家平安。約三十公分高的神像戴著金冠，面貌慈祥，穿著皺褶繁多沉重的官服，坐在高椅背的椅子上。

有事請教神明時，需要特別的工具。那種工具兩片為一組，漆成朱紅色，大約是掌心大小，形狀可以用彎月型來形容，具有彎彎的曲線和圓弧的隆起，上方是隆起的圓弧，下方則是平的，兩片底部可以緊密貼合。我們稱這個為「ㄅㄨㄟ」，不知道該寫成什麼字，若用「杯」字也有點奇怪，但佛壇上總是擺滿了我們不懂的飾品，便以為這也是其中之一。然而到了最近，住在台北的姊姊不知道是從哪裡查出來的，說：「爸以前用來占卜的工具，聽說正式名稱叫作ㄐㄧㄠˇ。」我們則是一概不知，這時候才重新認識它的名字原來叫作「ㄐㄧㄠˇ」。ㄐㄧㄠˇ寫成「筊」。但我記得幾乎每家佛壇上都有這項工具，無論在哪戶人家都叫作「ㄅㄨㄟ」，也許這個稱呼也不是無中生有的。寺廟的祭壇也有筊，許願的人一定要手持筊，向神明請教。到香火鼎盛的大廟，還可看到有些像臉盆那麼大的。

向神明請教的時候，要雙手分別各拿著一片筊，站在佛壇前，心中默唸自己的問題，再擲筊落地。其中一正一反就代表問的事情是「吉」。兩片筊圓凸面朝上便是「凶」。然而，兩片筊平面均朝上則是「笑」，據說是神明笑了[9]。可能是問神明的問題可笑，或者是「喂喂喂，哪有人問這個的」，代表神明在取笑問神的人。或許是神明要人們先冷靜了再來，但不僅僅有「吉」有「凶」，還準備了含義眾多而不置可否的回答，實在很有台灣文化中神明大而化之的風格。

父親請教神明的時候，一定要有家人作陪，站在一旁。若我在便是我，母親在便是母親，用意是拾起落地的筊交到父親手上。父親一定正面面向佛壇，目不斜視。我們將落地的筊以落地的原樣放在父親手上，父親這才看自己的手，判斷神明的意思。佛堂的地板是大理石，每當筊落在腳邊，便會發出清脆的匡啷聲。即使落在堅硬的地板上，也不會滾到遠處，幾乎就停在落地的位置。

家中所有大事，當然也包含哥哥姊姊的婚姻大事，都曾問過神明。有的是戀愛結婚，有的是相親結婚，情況人人不同，但每一樁婚姻最後都是由父親問過神明得到「吉」的保證才定案。「那時候，我真的是鐵了心。要是卜出了凶，我就翻過來再放在爸爸手上。」三姊告訴我，好幾年前她曾經下定決心，不惜欺瞞父親。在我還小的時候，其中一個哥哥戀愛了。對象和我們是世交，父親母親和其他手足都喜歡她，但一旦談到婚事，照例必須請教神明。而請教神明的那一天，正是輪到三姊拾筊。「就算旁人也知道哥哥他們是真心相愛的。我覺得他們倆應該要結婚，這樁婚事不可能不好的。」三姊下定決心，認為就算卜出來的是凶，那一定也是神明一時失手，因為這樣就不許他們結婚是不對的。為了他們兩人的幸福，即使欺騙父親也是萬不得已。父親這一天也是在漫長的祈禱之後，靜靜地拿著筊起身，眼望著正前方，匡啷一聲落地。不知是否是姊姊不屈不撓的決心早已上達天聽，神明成功出現「吉」的啟示，哥哥順利與相愛的人結為連理。或許是因為經過神明的評定吧，哥哥姊姊們的婚姻無一不是幸福圓滿，甚至會令人想問這麼恩愛不會遭天譴嗎？即使是一大群親戚團聚的時候，每對夫妻至今仍在相鄰的椅子上並肩依偎而坐。

9 編註：擲筊的三種結果：「聖筊」、「氣筊」和「笑筊」。

我和妹妹結婚時，父親已經不在了，所以我們兩人沒請教過神明就結婚了。雖不至於認定這就是原因，但我離了婚，而妹妹明明過得挺幸福的，卻老愛在抱怨生活小事時，順便開玩笑地說：「就是因為我和姊姊沒有父親的**那個**嘛。」雖然不是認真相信，但那是吃早齋的父親為了女兒誠心問神而得到的啟示。妹妹想說的是，如果可以，她當然也希望獲得「吉」的保證再出嫁。

佛堂是家裡最早打掃的地方，早上六點便開始。必須在父親進佛堂前，打開佛壇的門，擦拭乾淨，換上鮮花和新鮮水果。雕刻繁複的佛壇擦起來可能得費一番工夫，但黑檀木佛壇總是一塵不染，大理石地板也幾乎光可鑑人，室內總是充滿了清淨靜謐的氣氛。

除了每天早上供奉的季節鮮花和水果，到了特殊祭拜的日子，更是會供奉成堆的鮮花和供品。為此，佛壇隱藏了巧妙的設計，將眼前的檯子拉出來，套在裡面的桌子便會一一出現。一套四張的桌子全部拉出來，便形成相當大的面積，每逢過年、父親的壽辰、祖先的忌日等，這些桌子上就會擺滿鮮花和供品。

供品主要是烤雞和炸魚。和日本的佛前供品不同的是，不一定非素菜不可。可能是因為神佛同祀，供品也具有濃厚牲禮的意味，無論是雞還是魚，都是以全雞、全魚的完整樣子來供奉。若是到市區常見的寺廟，有時可以看見從豬鼻頭到豬尾巴都完好如初的整隻烤全豬，這樣的日子，便是有人許了大願來還願。雞、鵝、鴨會以竹籤或風箏線讓頭抬高，腳也規規矩矩地併在一起，以活著的姿勢端坐在盤子上。魚也必須注意火候，好讓胸鰭、尾鰭昂然而立，魚頭朝向佛壇擺放。重要的是材料形體要明確，因此供品多半是整隻或煎烤或蒸煮或油炸。蔬菜類則是稍微燙過，保留翠綠色。家中佛壇的供品在祭祀後給家人食用，食用前多少會再加以烹調，因此供奉階段的重點是調味要淡。

當時辛家仍住在台南市的公寓，父親辛西淮工作非常繁忙，文中女秘書、傭人阿英送早餐往返多次不成功，和辛永清在佛堂發生的昏倒事件，都是發生在此處。

過年就不用說了，還有各個節日、祖先忌日，因此要供奉供品的日子很多。尤其台灣人又重視祭祖，前三、四代的祖先冥誕、祭日都要紀念，因此我們家每個月一定有兩、三天要拜拜。每次大廚都會做全套供品，親戚也會送來一套供品，請我們供奉。同一天有五、六套供品也不足為奇，提著大籃子送供品來的人，等佛堂祭祀結束，便興匆匆地前往餐廳，等著供品重新烹調成菜餚。敬重祖先的心意是真的，但台灣人最喜歡找機會一群人熱熱鬧鬧地吃飯，便以祖先為由，每個月聚會幾次，高談闊論。隨著社會越來越繁忙，全員到齊的情況變少了，但即使如此，過節、祭祖的日子，餐桌旁絕對不會只有我們一家人。祖先的冥誕、祭日時，盡可能做先人喜愛的料理，母親依照祖母口傳，熟記每位祖先的喜好，也會說這道菜是哪位哪位喜歡的，將未曾謀面的古人的事情告訴在廚房裡幫忙的我們。但有時候相隔數代、距離實在太過遙遠的祖先，已經無人知道他們的喜好，這時候便由可能出席的人來共同決定供品。

節日方面，有固定供品的是三月的潤餅和五月的粽子。

台灣慶祝春天來臨所吃的「春餅」，是以形似可麗餅的皮，捲起各式各樣配料來吃，好吃又好玩。但各地作法略有不同，可分為兩種：一種是以厚如麻糬般的皮夾大量配料，另一種是以薄烙的皮捲起配料包起來吃。薄皮與炸春捲的皮一樣，我們把這種食物稱為潤餅。我聽說中國大陸主要是在立春吃厚皮的春餅，但台灣人偏好皮薄的，在我們台南，農曆三月三日是吃潤餅的日子。雖是三月三日，但我們沒有日本慶祝女孩成長的風俗，上巳節[10]這一天，我們習慣為神佛準備潤餅，供奉完後食用。在台南，冬天的寒意一減退，烙春捲皮的師傅便出攤，我們等不及春天來到，還沒過節，就會先吃上好幾次潤餅。薄烙的春捲皮可利用不同的配料做出種種變化，既可作為待客的午餐，亦可作為午後的茶點。

台灣的潤餅以配料種類繁多為豪，每戶人家、每個地方都有各自的特色，品嚐別家的潤餅也是一樂。我家一定會準備：酒蒸蝦仁、淡味烤豬肉、烏魚子、蛋絲、炒豆乾（將豆腐緊緊壓縮而成的豆製品）、炒豆芽、筍子、炒豆腐、炒蛋，還有加點鹽，將豌豆莢、胡蘿蔔、香菇、芹菜一起炒的炒青菜。在盤子上將薄薄的春捲皮攤開，塗上甜味噌醬或花生粉。選擇味噌醬時，先擺上提味的蔥絲，然後再選擇喜歡的配料，包什麼、包多少隨各人喜好，但其中一定要加一片烏魚子，這正是台灣風味的秘訣所在，捲起來在春捲皮末端抹上一點豆腐乳來黏合，便能包得乾淨漂亮，吃起來又方便。好玩的是每個人自己動手包，大人小孩都不由得胃口大開。

10 編註：是中國古老的傳統節日，俗稱三月三。此節日在漢代以前定在農曆三月上旬的第一個巳日，故稱「上巳」，後來固定在農曆三月初三。

厚皮春餅較可麗餅皮稍厚，口感有黏性，可以在家中揉麵製作。但是，乾烙薄春捲皮卻非得要熟練的師傅才會做，因此春天將近時，春捲皮攤的出現真叫人望眼欲穿。烙春捲皮的師傅做生意的傢伙是一盆用水和好的麵粉、熱熱的鐵板和左右兩隻手，其他什麼都不需要。從盆裡撈起麵糰的手一面繞圈，另一隻手則撕下烙好的皮，接著滋地一聲又將材料往空的鐵板放。趁烙的時候又撈起下一片的材料，手永遠不停地繞圈打轉。盆裡的麵糰很稀，以平常的方式去撈，會從指縫間流下。因此手要不停地甩動，以免麵糰滴下來，在手的晃動下，麵糰會聽話地結成一團，在鐵板上形成漂亮的圓。

在左右手有節奏的運作下烙出一片片麵皮，手法迅捷有如變戲法一般，薄如紙張的麵皮陸續起鍋。攤子四周總是圍繞著一大群孩子，對那利落的身手看得出神，而來買剛起鍋麵皮的主婦為了讓家人趁熱吃到，小快步急匆匆回家的模樣，也是潤餅季節一定會出現的街景。冷掉的潤餅當然也可以油炸成春捲。我小時候，春捲真的名副其實，只有春天才吃得到，但如今一年四季，菜市場一角都有人在烙麵皮。隨時都能享受潤餅之樂雖然令人高興，但就和蔬菜失去了季節性一樣，這也失去了季節的味道。

端午節在台灣是重大節日，要做餡料豐富的肉粽，會有年輕人在河上、海上划船競賽。這些習俗源自於人們乘船尋找投身汨羅江的屈原，將粽子投入江中，好讓遺骸不會遭魚啃蝕的故事，但人們將這段悲傷的往事束之高閣，熱鬧快樂地慶祝這個節日。

各家粽子的味道都有獨到之秘，人們習慣大量製作再互相交換，因此包粽子必須出動全家的女性。我們家不但人口多，又有許多傭人，所以光是自家的分量就很可觀，再加上還要分給親戚、鄰居，真不知包了幾百粒粽子。我們把大工作檯搬到後院坐好，吊在頭上的竹竿掛著一束束藺草，以竹葉將糯米包起來，抽出一根藺草綁好。像一座小山般的竹葉半天之後消失了，後院只剩下竹葉香。

粽子的味道和作法每家都略有不同，但中華料理粽子的共通點是餡料豐富、分量十足。裡面有豬肉、蔥、蝦米、香菇乾等等，我家則一定會包入皇帝豆，也有人家是包鹽醃的鴨蛋黃。鹹鴨蛋的蛋黃呈鮮豔的橘色，在粽子中特別醒目。糯米先泡水一晚，再用油炒過，吸收滷肉汁之後，以竹葉包裹。有些地方以竹子皮取代竹葉，這時候是以一片竹子皮做成三角錐，綁的時候也是用風箏線綁住一個地方而已，但還是以竹葉包的粽子比較香。一般是以蒸籠蒸一、兩個小時，但喜歡口感軟一點的人家會直接以大鍋水煮。

別人送的粽子也別有一番風味，但吃吃這一家的、吃吃那一家的，結果總是覺得自己家的味道與眾不同，老王賣瓜地說著還是家裡的最好吃，吃得津津有味。佛壇上的祖先一定也是這麼想，愉快地望著家傳的好味道。

除了粽子和潤餅以外，就沒有什麼節日固定要吃什麼了。七月的七夕、九月的重陽節，佛壇上便視當季食材供奉符合時令的供品。

每天早上供奉鮮花水果，花是母親在花園裡精心栽種的，水果則是當天早上從院子裡的果樹選出最好的。因為地處南國，花果終年不絕，早上的佛堂總是點綴著鮮麗的色彩。

大清早摘來的水果，待父親禮佛之後，線香的火熄了，便可以拿來吃。平常都是下午才撤下來，但有一天，姊姊嫂嫂們忙完了早上的工作，決定坐下來喝茶。

那時候我才三、四歲，我們家還沒搬到郊外的安閑園，仍住在台南市地近鬧區的三層樓大樓。當時台南的水泥大樓就只有百貨公司和我們家，即使出門去遙遠的地方玩，也不怕回不了家。果樹圍繞的建築一樓是父親的公司，二樓是二十個房間，三樓則是父親的房間和舉辦宴會的大廳，以及佛堂。當然，現在台南大樓林立，四周的樣子完全變了，但這幢建築物依然存在，只是我記得好像變成銀行了。

那時候四個姊姊當中，上面兩個已經出嫁了，下面兩個姊姊、父母和我，以及三對哥哥嫂嫂都住在這個家裡。兩個姊姊和嫂嫂們年紀相當，其中一個姊姊和嫂嫂還是女校的同窗，不脫女學生氣息，有什麼事便湊在一起，熱鬧得很。這一天也是送哥哥們出門之後，想休息一會兒，便各自帶著毛線和書聚集在客廳。不知是誰說光喝茶覺得有點空，便說：「佛壇的水果應該可以撤了吧？」「到三樓去拿供品，拿去廚房請人家切。」

年幼的我被派去跑腿。到了三樓，佛堂卻靜悄悄的，一個人都沒有。在幼童眼中，占據了整面牆的黑色佛壇龐然地聳立在面前。以我的身高，看不清佛壇上的情形。我爬上椅子，伸手去拿供奉的水果時，背後有人大聲說話。我嚇得滑下椅子，直奔回二樓，心臟狂跳，腦袋卻越變越冷。好容易跑回到客廳，我便當場昏了過去。

一醒來，最小的姊姊正彎著身子在我上方看著我。我躺在沙發上，嘴裡有酒味。據說是因為怕白蘭地對小孩子太烈了，所以給我喝了葡萄酒。這個姊姊代替當時身體虛弱的母親照顧我，看到臉色發青回來、一頭栽倒的妹妹，整個人嚇壞了。在我恢復意識之前，我想應該只是一小段時間吧，姊姊一直看著我的臉，著急得不得了。

一睜眼，我便因為嘴裡的味道皺起眉頭。我當時的感想是：原來葡萄酒這麼難喝啊。從此我再也沒有昏倒過，但直到如今，我依然忘不了力氣盡失，冷汗直流，眼前變黑那種可怕的感覺。

然而，那究竟是什麼呢？佛壇的線香真的已經熄了嗎？或者只是我看不見還亮著小小的火光？背後傳來的聲音又對我說了什麼？

事後想想，並非無法解釋。父親的房間和佛堂一樣都在三樓，大概是父親經過走廊時，發現佛堂的門開著，往裡面一看，只見一個幼童爬上椅子，伸手到高處。那時候線香也許還未熄。還有香火的時候，照規矩是不能碰供品的，因此父親大喊：「不行！」或者是看我爬到那種地方而喊：「危險！」現在我認為我是因為遭到大聲斥喝，受到了驚嚇才昏過去的。但從此以後，不到下午，我絕對不敢碰佛壇的供品。

「春餅」的作法

潤餅皮算是登峰造極的職人技藝，但若是皮稍厚的春餅，一般家庭也能做。

〈餅皮的作法〉

材料：低筋麵粉一杯　高筋麵粉一杯　鹽少許　豬油一～二小匙　手粉（低筋、高筋均可）少許　麻油二大匙　沙拉油少許

1 低筋麵粉和高筋麵粉混合過篩。

2 將粉放入盆中。鹽與豬油以半杯熱水溶化，徐徐倒入麵粉中，邊倒邊以筷子攪拌。

3 待麵糊稍涼後，以手揉麵，揉成一個麵糰。擀麵板上撒上手粉，將麵糰移至板上，充分揉麵。

4 揉至麵糰表面平滑有光澤後，以濕茶巾包起，在室溫下靜置一～二小時。

5 擀麵板上再撒手粉，放上麵糰，揉成直徑三公分左右的條狀，切成十六小段，搓圓。

6 麵糰搓圓後以手心壓平，以擀麵棍擀成直徑十公分左右的圓片。

7 其中一面塗上一層薄薄的麻油，將另一片麵皮疊上去。

8 將疊好的雙層麵皮擀成十五公分左右的圓片。

9 加熱中式炒鍋，塗一層薄薄的沙拉油，將雙層麵皮放入鍋中，蓋上鍋蓋。小心不要煎得太焦，單面煎或雙面煎均可。即使只煎單面，只要麵皮鬆軟鼓起，便代表煎好了。

10 熟了之後取出來，將上下兩層麵皮分開（因為塗了麻油，趁熱便可輕易分開）。每張對摺再對摺，排在盤子上。

麵皮擀好後要立刻下鍋。若擀好了放著沒有立刻烤，則烤好之後麵皮便無法分開。

現烤現吃是最好的，但當人數多，必須多做一些時，在上桌前可以用蒸籠重新蒸過。

各地方有不同的春餅，中國大陸偏好皮厚的春餅。台灣則是以皮薄的較受歡迎，我也是喜歡用薄薄的麵皮包大量的配料。熟悉作法之後，不妨試著把切成十六小段的麵糰分切成更多段。

春餅內包的配料和潤餅是一樣的。種類越多越有趣，這裡列舉基本的五種，以及二種作為基礎調味的醬料。

〈味噌醬〉

材料：八丁味噌三大匙　酒四大匙　醬油二小匙　砂糖二大匙　麻油一小匙半　沙拉油一小匙半

〈花生糖粉〉

材料：花生（炒熟的）半杯　砂糖三分之一杯

1 味噌醬以八丁味噌為底來熬製。將所有材料放入厚底的小鍋中，以小火熬煮，小心不要燒焦。待醬料柔滑、出現光澤便熄火。

2 花生糖粉則以市售的花生再炒過，切碎，與篩過的砂糖混合。

〈春餅的五種配料〉

材料：小蝦子二十隻　豆乾一～二個　豌豆莢一百公克　豆芽菜二百公克　烏魚子（小）一片　蔥一根　鹽　酒　胡椒

1 小蝦子挑完沙腸，放入厚底鍋，加入少許鹽和酒二～三大匙，蓋上鍋蓋加熱，過程中要不時搖晃鍋子。九分熟時熄火，直接冷卻。放涼後剝除蝦殼。

2 豆乾切絲，加油炒，加一點點鹽、胡椒調味。

3 豌豆莢撕去兩側粗纖維。以加了一撮鹽的熱水燙熟，斜切成絲，再以大火快炒。一樣以一點點鹽、胡椒調味。

4 豆芽菜去頭尾，洗淨，以大火快炒，加鹽、胡椒調味。

5 烏魚子去掉外側薄膜，以泡過酒的紗布輕拍，使烏魚子濕潤，以火烘烤後，切斜片。

6　蔥切絲備用。

配料各自盛盤，依喜好夾取包起。在麵皮中央塗上喜歡的醬料，選擇味噌醬的，便加一點蔥絲，擺上幾種配料，捲起食用。

6 兩位醫生

只要推開城裡大街上的中藥店大門，走進店裡一步，便覺香氣撲鼻。中藥裡有很多東西也可以當作料理香料，如肉桂、當歸、丁香、甘草等，店裡種種香味交織，飄著一股無法形容、不可思議的香味。我會被帶到這裡來，多半是因為生病，有些發燒啦，精神不佳啦，總是有哪裡不舒服，但這香味甚至會令我一時忘卻病痛，沉醉其中。

店內高高的牆從地板到天花板，一整面全都是小抽屜，裡面收放著成千上百的藥材。有些抽屜是動物的骨頭、果實、草根，大件的東西整個放在裡面，而藥材的形狀有的是薄片，有的是粉末，形形色色不一而足，因此抽屜的大小也各有微妙的不同。藥名不以文字而以記號標記，因此客人不知道哪個抽屜是什麼，但拿著醫生開的處方箋來到櫃台，店員便會伸手到處開抽屜取藥，然後用四方形的紙包起來。藥包比西醫醫院給的更大，獨特的包法看似簡單卻學不來，利落的手法令人嘆為觀止。牆上架著好幾架梯子，用來拿取高處抽屜裡的東西。看好幾個穿著簡潔樸素的店員爬上爬下、快手摺紙的情景，一整天也看不膩。假如不是生病，藥店其實是個相當有意思的地方。

我小時候體弱多病，定期由母親帶著看醫生。中藥店後方有上了年紀的中醫大夫，我經常向那位大夫拿藥。每當我身體不舒服，母親便會思量該請內科醫生親戚看，還是去找中醫大夫。

我想現在應該也沒變，在中國文化中，只要家裡有人生病，那一家的主婦首先會考慮的，便是該看中醫還是西醫。就醫生人數與醫療設施來看，當時的台灣也是西醫遠多於中醫，但城裡也有許多中醫大夫，每一家中藥店都生意興隆。當然，像是手腳斷了、骨頭突出來之類的重傷，或是發高燒、痙攣等的急性疾病，就要直奔西醫醫院，但假如是感冒後久咳不癒，覺得最近精神、氣色不佳，這時候還是會求助於中醫。

中醫並非沒有敷藥草等外科治療。但相較之下，當病情久治不癒轉變成慢性，或是看了西醫、做過治療後的病後調養，這些需要長時間觀察的情況，最能夠發揮中醫的本領。中國文化在這方面經驗老到，什麼時候該看西醫、什麼時候該看中醫，說視情況而定縱然奇怪，但向來應用得宜。

這陣子，聽說大陸的大醫院開始由西醫與中醫互相諮詢的方式來治療患者，我認為這是非常好的一件事。中西醫雙方不各自為政，能夠相輔相成的進行醫療，那真是再好不過了。

生活於日本的我，提起醫院或醫生，指的一定是所謂的西洋現代醫學，偶爾回台灣，時間也不足以看中醫，因此現在的中醫醫療是什麼樣子我不清楚，不能隨便加以比較，但我實在認為最近日本的醫院太過依賴機器、檢查了。為了做出正確的診斷，檢查確實是必要的，但驗血、驗尿、照X光、測心電圖、做某某掃瞄……患者被帶到一個又一個的房間，最後搞不清楚自己看的究竟是醫生還是機器。古人說「病由心生」，就算是最新的醫療，若是讓患者感到不安、不耐，實在說不上是好的醫療。我沒有討論大議題的意思，但在身為台灣人的我看來，日本人無論做什麼都顯得性急。而這份性急也見諸於醫療。

我期盼醫生具有恢宏的人品，只要坐在面前，便令人心境平和，可以安心託付病體。不是單靠機器和檢查數據，而是傾聽患者的聲音，察看臉色、膚色，觸碰身體來瞭解病情，不只在醫療技術方面，也在精神面給予患者力量，這樣才真正能夠被稱為「醫」，不是嗎？

想到這裡，我不禁想起在多病的孩提時代照顧我的兩位醫生，一位是中醫大夫，另一位西醫醫生也是我的遠親。與其說是我的醫生，不如說是我最喜歡的兩位叔叔，他們都是我心中永難忘懷的重要人物。

中醫大夫總是穿著純白的中式長袍，非常文靜，給人一種彷彿連周身空氣都能震懾的寂靜無聲的感覺。相對的，西醫醫生則是言辭幽默，常逗得眾人開懷大笑，這位則總是穿著隆重的三件頭西裝。兩人的外表雖然形成強烈對比，但他們可靠的雙手同樣牢牢掌握了病弱孩子的身心。兩位醫生除了給我吃藥和打針之外，也安撫、療癒了我的心。光是看著中醫大夫穩靜的雙眼就非常安心，心口暖暖的，覺得不要緊，病很快就會好了。西醫林醫生永遠是那麼開朗愉快，和他一起，連病痛都忘了。是愛心？是關懷？兩位醫生給予我心靈的力量，比吃藥和打針更有效，一定是他們，培育了身為孩子的我戰勝病痛的力量。

中醫大夫住在一家大中藥店後方。穿過大批店員忙忙碌碌的店面，便來到鋪著紅磚的中庭。台南街頭的商家就像京都的町屋一樣，從面向大路的門面進去之後，是不斷向後延伸的細長形建築。只不過，台南的商家門面和進深都比京都的大上許多。穿過店面便是中庭，然後後面是一棟房子，然後又有中庭再一棟房子。接著又是中庭、一棟房子，接連不斷，穿過四、五座中庭，不知不覺就從後門來到下一條馬路。建築物大都是兩層樓或三層樓，但棟與棟之間有中庭，因此即使位在房屋密集的市區，採光、通風依然很好。二、三樓由寬敞的迴廊相連，來到陽台，左鄰右舍就不必說了，就連五、六戶外的鄰居都能隔著陽台相望。上午休息時，女傭們會靠在欄杆上高聲聊天。商家的標準形式是有面向大路的店鋪，隔著中庭的下一棟是佛堂，接下來才是住家。當家的主人和家人、祖父母、結了婚的孩子們各自的家庭，有時還有同居的親戚，好幾家人都住在一起，各自使用幾個房間，陸續往後面住。我的中醫大夫也是如此，最前面是藥房，第二棟佛堂旁邊是診間，然後和夫人及千金們住在後面。

店後的中庭放滿了大夫的嗜好成果——盆栽。不僅是我的大夫，中醫大夫們似乎都與盆栽分不開，我記得幾乎每一位中醫大夫的院子裡都擺了好多盆栽。也許看病的空檔正好宜於修剪盆栽吧。無論什麼時候，每一盆都修剪得宜，沒有一根多餘的樹枝。庭院裡一定有井，湧出冰涼的好水，這是中醫醫家的特色。患者中有些必須當場煎藥服用，而製作中藥也不能沒有好水。鋪著紅磚的地面總是清洗得乾乾淨淨。腳放在上面，覺得涼涼的。

井旁有學徒們或將採回來的藥草榨汁，或攤開來曬乾，或以研鉢搗碎。還有好幾個砂鍋放在炭爐上咕嘟咕嘟地熬著。中藥就像佃煮一樣，要慢慢熬煮，所以大概是在煎藥吧。大群人忙著做事，但神奇的是，一點都不吵不鬧，唯有砂鍋咕嘟咕嘟地發出輕快的聲響。

經過有井的中庭，正面五、六階石階之上便是佛堂，佛堂右手邊的房間便是大夫的診間。大夫又瘦又高，稍稍有些駝背，要是留了長長的鬍鬚，拄起手杖，活脫脫便是畫中的仙人。高瘦的身軀穿著純白的中式長袍，在書架包圍中的大椅子房間裡把脈。中醫是以把脈、翻看上下眼瞼，叫患者伸出舌頭察看舌苔，再來便是以手稍加觸摸，診察便結束了。聽患者的描述，看患者的臉色，便寫下處方。光是這樣就能知道生什麼病，委實不可思議，但這便是中醫的診療。大夫放在我額頭上的手好大，也許是上了年紀的關係，非常硬，感覺凹凸不平。

大夫關心藥的處方，更關心患者的飲食。有時還會為我們設計詳細的菜單。好比我因為發燒不退沒有食欲，母親找醫生商量。

「是嗎？這樣的話，最好是煮好喝的湯給她喝。最好是稠稠滑滑的，不想吃料的話，只喝湯也可以。」

「燒還沒退的時候，最好吃瓜類，對了，今晚就煮冬瓜湯給她喝吧。」

「湯頭要用雞仔細熬，然後把冬瓜煮到軟……令千金喜歡吃蝦嗎？……那麼可以把蝦子磨成泥，做成蝦丸加進湯裡，她一定會喜歡吃的，試試看吧。」

大夫說起話來極靜極緩，仔細將該煮什麼告訴母親。我們請大夫開了藥，準備回家，才下了石階便又被叫住：

「啊，對了對了，光是冬瓜湯也許不夠，小孩子也需要鈣質，不如做個小魚乾飯吧。」

「小魚乾要選小的，拌在飯裡，用可愛的碗盛給她，她一定會吃的。」

「那麼就再見了，要保重啊。」

大夫一定會在石階上目送我們，直到我們穿過中庭走進藥局看不見為止。我也由母親牽著，不斷回頭、揮手說：「大夫再見，下次見。」

無論有多少患者在候診，大夫都一一細心應對，絕不匆忙。工作時從容不迫，晃動著長袍的衣襬，走起路來悄無聲息。大夫的鞋子是夫人親手做的綿布鞋，鞋子和衣物永遠都乾淨得像剛漿洗過的一般。

這陣子日本流行「醫食同源」，藥膳也備受關注，但以我們台灣人的想法而言，既然任何料理的用意都是為了增強體力，便是廣義的中醫飲食。不是等生病了再來治病，而是以生病前就培養出好體質、好體力為第一要務，中藥裡也有很多香料的功效就是用來刺激食欲的。

但是，平常我們家庭所使用的藥草類極為有限，不是醫生，卻來說這個能治什麼、那個能治什麼，實在太危險了。從飲食的角度所說的藥膳，與醫療的角度所說的中藥，種類和用法都不同，大夫開的處方連幾公克都嚴密規定，大人小孩所使用的藥草也不同，就和西醫的藥品一樣，絕對不是外行人能夠擅自使用的。

一般人所說的「補」，是補充日常飲食與健康，在我家則是常喝漢方的湯品。我們通常認為在身體虛或是產前產後最需要補，但並不是特地針對什麼病症有效。經常飲用湯品，最後就能養出不易感冒、病痛不上身的身體。

不需中醫許可也能使用的，是一種名為當歸的藥草，和由當歸、川芎、白芍、地黃這四種藥草調製而成的四味。四味又稱四物；同樣以八種藥草調製的便是八珍；此外韓國人參、枸杞也是家庭料理中經常使用的藥草。儘管藥效溫和，但只要是藥草，就不是什麼直接吃就好吃的東西。為了好吃順口，自古人們便研究種種烹調方式，一開始或許會覺得味道很奇怪，有一種獨特的風味，但吃了第二口之後，便會越吃越順口。

將整隻雞或鴨放入甕中，加入水與酒，以及少許鹽和當歸，隔水加熱二、三個鐘頭煮湯，當歸變成了神奇的香料，湯便有了極其溫醇的美味。其他的藥草也可用同樣的方式煮成雞湯或鴨湯，草藥依據一同放入甕中的各式組合，功效會略有差異，有時候也會改用鰻魚、甲魚，偶爾也用燕窩。

絕大多數的時候，鰻魚都被認為是活的最好，活生生的鰻魚放入裝有酒與藥草的甕中，不免瘋狂掙扎，但仍舊被不容分說地緊緊壓住蓋子做成湯。照例，鰻魚掙扎得幾乎要把整個廚房都掀起來了，有時候還會遇見連大廚粗壯的手臂都差點制不住的強中豪傑。膽小如我者，則是想按又不敢按，差點連人帶鍋蓋地被彈走。

只要一聽到今天要蒸鰻魚，就生怕又被叫去按鍋蓋，不由得就退縮了，但成品卻美味得令人將那殘酷的光景完全拋在腦後。這道料理要不是被叫去幫忙，便完全提不起勁來做，但我終究忘不了那種美味，現在正煩惱著該不該豁出去試上一試。

母親也常逼我吃跟薄薄的韓國參片一起蒸的豬心。小時候我心臟不好，母親很擔心，以心補心雖然近乎迷信，但至少和豬心一起蒸的人參對身體有益。家裡也會用單煎人參和枸杞做出湯飲。

用這些藥草做出來的湯飲，在我家有時被當作茶來喝，有時用來煮麵當消夜，被視為家中的日常飲食。但是，這些沒有特別使用限制的湯飲，基本上也是一般健康的人當作進「補」來食用，生病時或身體有異常的人，還是必須小心。有些湯飲小孩子不能喝太多，家裡若是有人血壓高、發燒、身上長東西，母親都會勤於與大夫商量，一定會遵從專家的指示。

西醫林醫生和母親是遠房親戚，從小一起長大，一見面彼此不抬槓就過不去，也就是所謂鬥嘴的朋友。一天晚上，林醫生來我家玩，一進門就喊：

「啊，好臭！有個怪味，莫非是妳的腳臭味？」

「真討厭，胡說些什麼啊！」

「妳還綁小腳啊？腳是不是都沒在洗？」

當時纏足的風俗早已廢止，而且林醫生當然知道母親沒有纏足，但劈頭便這麼說。

當時正值冬季，我想當晚廚房裡大概在晾烏魚子吧。烏魚子的產季是冬天，到了這個時期經常有人送禮，家裡也會大量購買，但假如送來的東西曬得不夠乾，就會在家裡稍微再晾一下。烏魚子吃起來美味非凡，但晾曬時的味道絕對說不上好聞。那種味道有點腥、有點刺鼻，被歸類於臭味，晾曬的時候，那味道無論如何都會充斥家中。

可能是因為纏足的人很少洗腳，或者到了夜裡鬆開纏腳布還是會有點味道吧，只是我身邊沒有纏足的人，因此不敢妄發議論，但我猜想大概是吧。母親也不認輸，正面應戰，於是兩個人的舌戰便開打了。

白天無論什麼時候到醫院，診療室總是傳出熱鬧的笑聲，是林醫生說些愉快幽默的話來逗患者。有一次，母親要打點滴，針扎進去之後，林醫生接二連三地說著令人笑得發抖的笑話。身體一動，針刺到肉就會痛，但卻又忍不住笑，打完針後，母親為這矛盾的痛苦氣得不得了。

遇到兒童患者，無論是誰都嚷著好可愛好可愛，臉頰也好屁股也好，不是劈劈啪啪地拍，便是用臉頰去摩擦。以前小孩子打針經常打在屁股上，林醫生甚至還親過我的屁股。打針前劈劈啪啪地拍打，用力捏，然後一針刺下去。打完針又是啪的一拍，說：「好，完畢。」孩子因為又癢又羞而扭來扭去，忽然間就打完針了。幼童連哭都忘了，聽醫生的話咯咯咯地笑出來。

這位醫生也非常關心患者飲食，並且詳加指導。今晚吃什麼、明天吃什麼、後天吃什麼，連好幾天後的菜單都幫患者決定好。每天看完診，大都是晚上九點，白天林醫生家非常忙碌，一定都是夜間才邀請我們一家人去玩，去林醫師家玩的時候，也經常有電話打來，詢問「可以讓患者吃這個嗎？只吃了這些東西又吐了」等等細瑣的問題，林醫生都會一一給予指示：不要緊，不必擔心，或是這樣不行，馬上帶過來。向我們說聲「失陪一下」，便離席為患者看診的情形，也經常發生。

「月下美人快開了，來賞花吧！」某個夏天晚上收到這樣的邀請，我便隨著父母出門去。林醫生家中有個專門用來喝茶的房間，我們經常在那裡喝茶，但那天晚上則在深夜的中庭裡，擺著月下美人的花盆，邊品花香邊吃消夜。愛茶的醫生不太喝酒，而是到街上買些小吃來佐茶。醫生引以為傲的茶室是個三坪左右的小房間，一整面牆的玻璃櫥櫃裡擺著許多茶器。台灣的茶器是一個茶壺與數個小酒杯大小的茶杯為一套，醫生的收藏有白瓷的、青瓷的、繪圖細緻的、釉色雅致的，集古今名器於一堂。醫師似乎偏好烏龍茶中的鐵觀音系列，除了好幾種極品茶葉，還有自己構思調配的茶葉，醫生會問我們：「今晚泡什麼好？」由於醫生的親戚經營大茶行，我們託福，能喝到上等好茶，但因為茶太好喝了，不由得多喝幾杯，因此受邀到林家作客的晚上，母親經常為無法入眠而煩惱。

上等好茶的價格也非同小可，尤其是中國大陸有許多講究的好茶。例如有一種茶葉叫銀針，加了熱水，茶葉便會像細針一般筆直豎起，要以玻璃杯享用；還有特地讓茶長黴再泡來喝的，堪稱天價的昂貴茶葉，不勝枚舉，因此在中國，不花天酒地卻為茶散盡家財的敗家子故事，時有所聞。無論到哪裡都聽得到一、二則這樣的傳說，但即使如此，這樣的人在台灣似乎比較少見。在台灣，人們多半偏好烏龍茶和香片一類。也許是這些茶較適合南國的風土氣候吧。

林醫生家旁邊便是有名的萬川饅頭店，為了愛好消夜的台南市民營業至深夜。醫生家的孩子比我們家還多，有十人，光是家裡的事就夠醫生夫人忙了，但夫人白天還坐在藥局窗口幫忙醫生看診。整天忙得無暇休息的夫人，在這個時候也能坐下來喘口氣，吃著萬川的餃子、包子，與母親聊電影。醫生等候月下美人開花，一面仰頭賞月，眺望夜裡的庭園，作好幾首詩吟給我們聽。我側耳傾聽吟詠花月的優美即興詩，心想我們國家的詩文傳統就是這樣傳承下去的啊。小時候只覺得醫生歡樂幽默，隨著年紀漸長，才懂得醫生的興趣之廣泛、詩文造詣之深湛，更加深了我對醫生的信賴。

盛開的月下美人在夜色中綻放濃烈的芬芳，濃得幾乎令人頭暈。醫生的話讓大人們捧腹大笑。「嗯？你們在笑什麼？」「別問別問，妳不懂的。」優越的詩人醫生似乎也是說黃色笑話的高手。絕妙的口才令人不由得聽得出神，轉眼間便深入其境，而他本人卻若無其事地望著月亮。

品茶的纖細味覺，對陶瓷器的鑑賞眼光，豐富的詩情文才，黃色笑話中所顯露的洞見人性，看到孩子就覺得可愛，不由得以臉頰磨蹭屁股的充沛愛情，這就是我了不起的醫生。當然，我不指望所有醫生都是這樣，但我希望醫者能有豐富的感情與愛心，醫術還是其次。否則，將來我們看的恐怕會是機器人醫生。

這位早已過世的內科醫生之所以令我懷念不已，是因為另有一則略帶酸楚的回憶。我出生後，看到還在襁褓中的我，醫生便立刻宣告：「這孩子以後要當我們家的媳婦。」他對母親說，要我給大群孩子中他最為疼愛的兒子當太太。那是一個長我七歲的少年。不像訂親這麼嚴謹，母親和醫生雖是鬥嘴的朋友，卻沒把這件事當成平常的玩笑，也認為假如兩個孩子長大之後彼此還看得順眼，那也不妨考慮。

我一點都不知道有這件事，但不可思議的是，我們兩人比其他手足更要好。對少年而言，小七歲的女孩大概像個可愛的娃娃吧。凡事他都對我照顧有加，等我開始上學，便幫我看功課、整理筆記，經常幫我的忙。當戰事告急，台南也開始空襲之後，我們上學必須攜帶急救包。我的急救包總是由他仔細檢查，繃帶、紅藥水、消毒用的酒精棉片盒等等，他會從他父親的診療室選出方便好用的幫我裝好，所以我的急救包總是班上的第一名。

經常生病的我，屁股照例被醫生又捏又打的時候，要是他經過診察室，我會羞得無地自容。在他而言，那是自己的家，多半是因為有事找父親或護士才剛好進來的吧，但七、八歲的女孩子卻因為害羞而脹紅了臉。

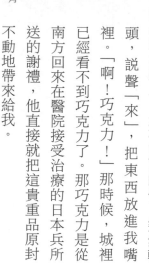

「有個好東西，我們去散步吧！」我們安閑園家前面有一大片養魚池，有時候他會把我帶到那裡去。少年長長的腿快步走著，我小跑步跟上。走在前面的他，突然轉頭，說聲「來」，把東西放進我嘴裡。「啊！巧克力！」那時候，城裡已經看不到巧克力了。那巧克力是從南方回來在醫院接受治療的日本兵所送的謝禮，他直接就把這貴重品原封不動地帶來給我。

安閑園養魚池的一角。

一回頭便將一塊塊巧克力迅速放進我嘴裡的少年，在戰爭結束後，成為台北的醫學系大學生，又成為前途無量的青年醫師，然後某一年，捎來了他的喜帖。我與我家人一同受邀去喝喜酒，曾經敬慕的溫柔哥哥英姿煥發的模樣，好生耀眼。那是少女時代如夢般酸酸甜甜的回憶。

「已經是很久很久以前的事了，」幾年前因參加學會來到日本之時，他這樣提起。此時的他已經是位中年紳士，而我也到了兒子都長大的年紀了。

「那時候真的好震驚啊，因為我萬萬沒有想到會遭到拒絕。」

「……？」

「我和父親一起去正式提親，卻被令堂明明白白地拒絕了。」

我說怎麼會，那怎麼可能呢。

「是真的。明白地被拒絕了。」

母親已在數年前往生，無從確認，但我不相信母親會那樣拒絕。會不會因為對方是認識了一輩子的好友，才不假思索地答稱，當時還是國中生或高中生的我還是個孩子呢，談結婚、訂婚都太早了？

「可是啊，被拒絕之後，我和父親兩人仔細想過了，我們家全都燒光了，萬萬配不上你們家啊。」

是的，醫生的醫院在戰爭結束那年的空襲中被燒個精光，失去了一切。之後有好長一段時間，都是借茶行親戚的房子看診。可是不是的，母親所說的一定不是那樣。

「再等等吧，我還想把這個女兒留在身邊呢。」

母親一定是這個意思。可是言者無心，聽者有意。眼看辛家廣大的土地和房舍都毫髮無傷，他認為失去了一切的自己已配不上了，才會令他打退堂鼓。

我從來不知道有這件事，為此出神了好一陣子。結婚來到日本，生下孩子離婚，後來又發生了許多事，經歷了十多年，做夢的少女也已經跨越了不惑之年，但這一天我實在難以成眠。要是沒有戰爭，要是醫院沒有因為空襲而燒毀，我們會怎麼樣呢？以往淨是甜蜜的巧克力回憶，現在得知原來其中還隱含著苦味，那份微苦令人心痛。

戰爭和戰爭所帶來的混亂，改變了許多人的命運，也在我的中醫大夫羅大夫家，留下了殘酷的爪痕。

戰後有一段時間，台灣的治安非常差，台南也發生了好幾起兇惡的犯罪，一天夜裡，發生了令人震驚的強盜殺人案，大夫的兩位千金遇害了。兩位千金在樓上睡覺時因聽到聲響而醒來，並激烈抵抗，她們被推落中庭，強盜逃走了。兩人因此不幸過世。事情太過令人震驚，我們都說不出話來，連看著羅大夫都感到不忍心，而大夫在悲痛中過了一段時間，從某一天起，又和以前一樣，照例開始看診。彷彿什麼事都沒發生過一般，神情平靜淡然。

上次……我們正要出言慰問，大夫便舉起手來打斷，只有這個時候，臉上的表情略有所動，但立刻便恢復原有的柔和，問道：「怎麼啦？又發燒了嗎？」仔細觀察我的臉。看診完後，大夫照常在石階上目送我們，我在藥房入口回頭向大夫說：「謝謝大夫，再見。」只見背對著昏暗佛堂的白長袍身影，大夫果真比以前更瘦，微駝的背也顯得比往日更為前傾。深深的哀傷留下了長長的影子。

「人參鰻魚湯」的作法

我們中國文化不是等身體不好才喝這個湯，而是偶爾喝這道湯，不讓身體變差。這道韓國人參與鰻魚做的湯，可令人元氣百倍，也許可以說是補湯吧。由於湯要在壺中隔水加熱，請準備可容納所有材料的陶壺。

材料：活鰻魚（大尾二尾）　韓國人參四～五枝　酒（米酒。日本酒或燒酒均可）二～三杯　鹽

1　韓國人參切薄片，或者以水泡開後連水一起使用。

2 活鰻魚放入壺中，倒酒。鰻魚會亂蹦亂跳，因此要牢牢按住蓋子，等鰻魚不動。

3 鰻魚不動了之後，加入韓國人參與少許鹽，加水蓋緊壺蓋。

4 將壺放入盛有熱水的鍋中，以較中火稍弱的火加熱二～三小時。

沒有適當的壺時，也可用琺瑯鍋。喜歡酒的人，亦可以將一半的湯改成酒。酒和人參可完全去除鰻魚的腥味，且因為是隔水加熱，會保留鰻魚原有的形狀，一入口便化開，是一道非常可口的湯品。

我們在夏天來臨之前，便以這樣的湯品儲備體力，好度過台灣炎熱的夏天。但日本與台灣在熱度上也有差異，不妨在夏天土用期間吃蒲燒鰻的時節，試做這道湯品。

7 淺談內臟料理

小時候，從大家告訴我鳥頭裡坐著一尊佛開始，仔細啃雞頭便成為我的樂趣。火雞頭太大了，我不敢吃，但遇到雞、鴿子、鴨子，分別拿筷子或刀小心剝開，便會出現一小塊白白的。這就是長得像一尊坐佛的腦髓，而在中國文化中，人們常說吃腦補腦，我也相信吃了一定會變聰明，遇到禽類料理的時候，一定會要頭來吃。雞的話，從雞冠到雞脖子紅色的部分整個滷透，便會化為柔軟的膠質口感，非常好吃。

不僅是鳥類，豬、牛的頭、腳、內臟之類的部位，在日本都還很少端上一般的餐桌，說珍味是為了聽起來好聽，但其實幾乎是被當作怪東西，實在很可惜。考慮到日本千百年來都沒有食肉習慣的歷史背景，這也許是不得不然的結果，但我們中國文化就不用說了，法國人、德國人也一樣，一頭動物的每個部位都吃，毫不遺漏。一想到一個生命因為被人類食用而犧牲，便無法將肉以外的部位捨棄，否則就太浪費了。從流出來的血到尾巴全部吃下肚，這才是報答被犧牲的動物最好的方法。若撇開這種宗教性的想法，內臟不但營養價值高，經由各式各樣的烹調所得到的美味，更是令人難以割捨。以前的人深知這一點，許多烹飪法才得以流傳至今。

各個內臟部位的味道與口感各自不同，也各有獨特的美味。在日本肝臟較常被食用，因此一說到內臟，大家首先想到的便是肝臟，並且認定內臟腥臭，但若以腥臭而論，肝臟其實不算什麼，胃、腎臟的臭味才厲害。一般烹調內臟類最大的重點便是去腥除臭，但心臟和腦髓則腥味全無，因此雖說是內臟料理，其實有千千百百種，調理大有學問。有適合一般家庭日常食用的菜色，也有需要高度烹調技術的高級料理。尤其是腦髓料理，我認為幾乎與過年最豪華的烏魚子同級，是最高級的美食。

豬和海鮮不同，沒有盛產期，但也許腦髓料理可以說有旺季淡季之分。一年中的某個時期，豬腦會變得很難買。中國文化有一則迷信，相信腳不好就吃腳，心臟虛就吃心臟，也就是所謂的以形補形，同樣的，吃腦也可以補腦。考試季節一到，有孩子應考的人家就會想給孩子補一補，於是便搶著去買，但無論再大的牛、豬，都只有一副腦，因此腦立刻會從菜市場上消失。即使一連好幾天趕著大清早去買，也已賣完，只見考生的父母為此到處奔走。其實就算設法弄到讓孩子吃了，也不能保證一定會順利考上，但這就是為人父母的苦心，急著四處找尋。與我們相熟的西醫醫生家裡也沒有將此視為迷信、風俗，每當家裡眾多男孩有人應考，便四處打聽哪裡有腦買來給孩子吃。

姑且不論腦髓料理可以讓頭腦變聰明，或是導致中風等實際利益（？），腦髓料理的精采美味是其他食物無可比擬的。小心將薄膜取下後，切成一口大小，裹上麵衣油炸，淋上糖醋醬，這種腦髓的滑嫩口感難以言喻，除此之外，中華料理中也有數不清的腦髓料理，但最簡單、美味的，是以真正新鮮的腦髓做的湯。將柔軟的腦輕輕放入容器中，加入鹽、酒與上等高湯，再滴入薑汁，隔水加熱。烹調方式便是如此簡單，但這個作法最能品嚐腦髓的美味。

豬耳朵好吃則是在其中的軟骨和皮。就連在台灣，也沒有聽說過吃耳補耳的說法，但將毛剔乾淨之後，以蔥、薑等辛香料一起水煮去腥，待晾涼之後切絲，與薑絲同炒，便成為一道擁有脆脆口感的特殊料理。在日本，沖繩一帶也經常吃豬耳朵吧。

若說是吃豬臉[11]，就連我也不免有些排斥，但豬、牛的額頭到鼻尖這一段，除了臉也沒有別的說法了。這個部分主要是由皮和少許脂肪構成，滋味相當好。重大節日烤全豬的時候，大都直接吃，但若不方便吃而剩下來，稍後便用來燉煮。但是，要吃臉

11 譯註：這一段指的應是豬頭皮。

的時候，首先要從正中央對半剖開。就像做紅燒鯛魚頭那樣，從中一分為二。在大鍋裡煮熟後，德國人會切碎做成香腸，我們則喜歡切薄片蘸大蒜醬油來吃。將水煮過的再滷製成醬油口味，也別有一番風味。

舌頭這個部位有各種烹調方式，但首先要將黏液與腥味完全去除。牛舌必須剝除一層皮，豬舌則只要確實去除黏液便可直接使用。如果是極新鮮的舌頭，水煮後直接切片，醬油中加入大蒜末、蔥末、研碎的蝦米或切碎的榨菜，再加上薑汁，蘸這個醬來吃。這道菜最適合當前菜或下酒菜，除此之外，亦可煙燻、快炒，做成香腸，可中可西，用途廣泛。尤其是西式燉菜在日本也是相當受歡迎的料理，有時做了燉菜，卻發現舌頭怎麼也燉不軟，這時候便臨時拿來做中菜。切絲後，加入薑、蔬菜來炒，即使是燉不軟的舌頭也可以很好吃。

我才二十多歲，剛開始教烹飪不久，便受九州的養豬協會之邀，前往指導內臟料理。我依照指定時間抵達會場，周遭卻一副女人來這裡做什麼的樣子，沒有人搭理我。不久，開始有人問起講師怎麼了，這麼晚還沒到，我才怯怯地從角落出來說我就是，結果換成對方大吃一驚。因為要料理的是一整頭豬，他們似乎沒料到，來的竟然是一個嬌小的年輕女子。這場講習會後還前往萩市、防府等地，晚上連市長也一同光臨近海的旅館，請來藝妓歡迎講師，但講師是年輕女子，接待這一方也提不起勁來吧。我當時來日本才不到幾年，事先不知道是會有藝妓出席的日式宴會，我還記得自己被整張臉到脖子根都塗了白粉的年長藝妓嚇壞了，早早便回房休息。換成是現在，我已經在日本生活超過三十年，應該也懂得日式宴會的妙趣，便能過得很愉快吧。

但是，其實那個時候，我還沒有料理一整頭豬的經驗。

豬腦、豬心沒問題。胃和腎臟也烹調過好幾次，當然大腸、小腸更是經常在處理。子宮、腳、頭，我全部都行，但是……問題是豬肺。只有這個部位我從未料理過。即便我在娘家吃過各式各樣的東西，卻也很少以肺入菜。在我很小很小的時候，曾經看大廚做過一次，或者是聽說過？記憶實在是太遙遠了，我無法確定到底是看過還是聽說過。我小心翼翼地將這段記憶的絲線拉出來，只怕它中途斷掉，一面將我對料理的印象加以重組。

這件事告訴別人，不知道人家肯不肯相信，但假如說我有一項異於常人的能力，一項僅限於料理的能力，那麼應該算是：只要看過或吃過、聽過一次，十之八九都能正確無誤地將原貌原味重現。過去我以這個方法做過許多料理，我相信只要自己不慌不忙，慢慢回想，這次一定也辦得到。

肺是動物器官當中相當大的一種，中央是有氣管經過的肺門，分為左右兩大片。

沿著記憶的細線回溯，以前在我們家的廚房，身形巨大的大廚大水嘴裡含著氣管，脹紅了臉大口朝豬肺吹氣的樣子，便浮現在眼前。讓肺脹起來之後，是不是再次把空氣放掉呢？那究竟是在做什麼？之後將白色的液體灌入肺中，我想那應該是和於水的太白粉水沒錯。吃的時候有種軟而彈性的感覺，我想一定就是太白粉。先灌入空氣再放掉，應該是為了先讓肺充分撐開，將肺泡中細微的皺褶伸展開來，稍後才容易灌入太白粉水吧。我一想起前置步驟，便思考為何要這麼做，直到想通為止，對每一個步驟一一加以確認。最後製作流程整理好了，我雖然認為應該沒有問題，卻無法事先試做。

當時，東京買得到的內臟就只有肝臟、雞內臟、牛舌、牛尾而已，就連做香腸的小腸也是很勉強才張羅到的。豬肺根本不可能。然而，我卻認為正因如此，我更應該接受這份工作到九州去。這是料理豬肺的絕佳機會。要是錯過了，往後不知道什麼時候才有機會料理肺臟。不僅是肺，在台灣常吃的種種內臟料理，到東京之後，我已經很久沒做了。新鮮的豬腦，新鮮的豬心，在在充滿了獨特的魅力，令我雀躍不已。

剛肢解還沒變涼的肺臟，先請人徹底沖水洗淨，再加以處理。個子小、肺活量也小的我，無法像大水那樣用口吹灌飽豬肺。尋思的結果，我請主辦單位準備了腳踏車的打氣筒，以打氣的方式將空氣灌進豬肺。以太白粉水將每一寸豬肺都灌得鼓鼓脹脹的，再將豬肺開口綁緊，放入大鍋裡煮。以大火煮只怕會脹破，因此我以西方人煮香腸時的七十度水溫為準，慢慢煮熟以免脹破，待差不多熟了之後，再轉大火，煮出來的結果和我想像的差不多。起鍋後，太白粉水凝固，讓豬肺富有彈性，觸感就像煮軟的蒟蒻。比較正確的説法，應該是介於蒟蒻和葛餅[12]之間吧。

煮好的豬肺直接切成薄片，以生魚片的吃法吃，也可和蔬菜一起拌炒，是萬用的好材料。我最喜歡的是準備大量的嫩薑絲，豬肺也切絲，炒成仔薑豬肺，沿鍋緣嗆入酒和醬油，再以少許辣椒粉調味。

那場講習會的對象是專業料理人，但與會者沒有人認為我是頭一次料理豬肺，我對自己的成果也感到讚嘆。這個時候，我當然是從豬頭到豬腳全部的器官都料理了一遍。從清洗剛取出血淋淋的內臟開始，所有的前置作業都由自己一手包辦，對我而言，也是一次很好的經驗。我下了不少工夫，例如用粗筷子來代替清除腸內穢物的工具等等。

台灣的菜市場在我小時候，就已經售有稍加清洗的內臟，但一年比一年洗得乾淨，現在腸子內部已經完全洗好，最近甚至都已經先汆燙去腥了，在家調理輕鬆很多。但是越是輕鬆，離熱氣蒸騰的新鮮內臟也就越遙遠。

12 編註：以葛餅原料製成的和果子。

心臟是內臟中最可口的部位。既不腥也沒有怪味，若是買到極新鮮的，水煮後像生魚片般切來吃即可。滴了薑汁的醋醬油，或是在生醬油裡加大蒜泥，再不然也可以在醋裡加薑、香菜、大蒜等各式辛香料，蘸取自己喜愛的蘸醬來吃，應該是最美味的吃法。只不過，在東京很難拿到能夠這樣吃的新鮮心臟，因此無論如何都必須做成重口味。我常做的，是把豬心加蔥、薑燙熟後，再用中式炒鍋來煙燻。以紅茶老茶茶葉、米、砂糖代替木屑來燻。

小時候，我身子弱，心臟也不好，因此家裡常依舊習要我吃豬心。有一回甚至每天下午三點的點心時間就吃豬心，一連吃了一個月。豬心大約是男人拳頭大小。將豬心剖開，再四處多劃幾刀，夾入韓國人參片，加少許水和鹽蒸好之後，切片連湯一起吃。這道菜母親連做了一個月，但一顆豬心分量不少，體弱的孩子原本食量就小，動不了幾下筷子就飽了。看我吃不完，坐在旁邊的妹妹一定會對我說：「姊，我幫妳吃吧！」我瞞著母親，將盤子悄悄移到妹妹面前，於是母親為我準備的三十個豬心幾乎都進了妹妹肚裡，本來就活潑健康的妹妹更加精力充沛，而我的身體雖然沒有變差，卻也沒變好，直到今天都是如此。頭一次參加音樂比賽便堂堂拿下首獎的妹妹，後來成為登上國際舞台的聲樂家，真的是當時豬心的效驗嗎？我暗自懊悔，要是我硬把豬心全吃下去，也許處境就不同了。

以前的人似乎把胃、子宮都概括為「肚」這個詞，甚至還有生不出孩子的女人最好吃豬肚料理、只生女孩不生男孩的女人也要吃豬肚的說法，如今想來雖然可笑，但台灣人真的相信「孩子是家中之寶」。不知是否因為如此，豬肚有很多烹調法，在中菜裡使用非常廣泛。可在豬肚中填塞燉煮，也可切薄片蘸喜愛的辛香料來吃。以醬油、八角滷的豬肚非常可口，與乾鮑魚一起燉的湯更是堪稱絕品。但是，豬肚是一種腥味很重的內臟，因此豬肚料理好不好，端看事前處理是否徹底。

首先要用粗鹽、明礬將外側洗淨，再將裡面翻出來，耐著性子搓洗。光是洗去黏液便是一大工程，要將細微皺褶深處的黏液也仔細搓洗乾淨。豬肚料理最忌性急，必須預留充分的時間來做事前準備。準備工作徹底完成之後，以蔥、薑煮開，去除腥味，再來就可以做出無數道美味料理了。也有甲魚、豬肚合璧的奢華燉煮料理，甲魚非魚非肉、不可捉摸的味道，與個性強烈的豬肚是絕配，產生美好的口感。

以前的人相信豬肚對子宮有益，將豬肚與中藥熬成的湯稱為「換膽」，猛要媳婦喝。換膽這個詞意味著換肚子，但假如真的有效，也應該歸功於中藥吧。我傳統保守的母親，也在知道鄰居夫人流產好幾次之後，三不五時地送換膽的豬肚湯給她喝，後來竟連續生下三個男孩，母親因此得意洋洋地宣揚豬肚的功效。

肝臟在日本是最普遍的內臟，營養價值也廣為人知，但我認為日本人一般來說太過在意腥味了。把長時間泡在水裡放血當成是肝臟料理的基礎，而我卻無法贊同。肝臟原本就不太有腥味，台灣人也很少放血，長時間泡在水裡，肝臟會吸收大量的水分，反而無力吸收稍後用來去腥的辛香料和調味料，而且一旦開始調理，又將吸的水釋放出來，變成一道湯湯水水的菜餚。為了品嚐肝臟原有的美味，希望大家務必能試著做做不泡水的肝臟料理。

肝臟也是一樣，真正新鮮的肝臟只要水煮切片，蘸個人喜愛的調味料，就能吃出甘甜與美味，但遺憾的是，這陣子都不見有這樣的肝臟了。

大腸畢竟是腥臭味重的部位。以粗筷般的棒子將裡面的穢物去除後，將裡面翻出來，以粗鹽和明礬洗淨，去除腥味和黏液。這是最重要的工作，只要這一步做得好，稍微汆燙，便可用來做各種燉煮料理。好比大腸燉苦瓜、燉筍乾、醃淡竹、陳年雪裡紅等，都是一般常做的料理，我家特有的名菜，便有一道在大腸內灌入花生與糯米的糯米大腸。

母親和嫂嫂的拿手好菜當中，有一道是用豬小腸做的，可愛的模樣實在令人不敢相信那是內臟。將小腸切成適當的長度，從一端塞進另外一端，就會看到一個甜甜圈狀的小環成品。做出大量的環，與豬五花肉和大蒜一起滷。成品既可愛又好吃，孩子們都很喜歡。小腸用滷的好吃，炒起來也十分可口，作法很廣，但再怎麼說，還是最常用來做香腸。

冬末春初時，母親經常做香腸。天氣好但氣溫不高，一連有三、四天乾燥的日子，便是適於做香腸的時節。早春的清晨，一醒來覺得好天氣會持續，便決定今天來做香腸。早上上菜市場買來豬肉和小腸，開始做準備。豬肉要稍微帶點肥肉，切成一、二公分的方塊，加入酒、醬油、五香粉、砂糖，醃上半天，這段時間便將小腸洗淨，處理好。中午時分開始灌香腸，我們家是將漏斗的嘴塞入小腸來填充。當小腸裡塞滿了肉，便在適當的長度將腸衣扭緊，或是以細繩綁起，決定當天香腸的長度。做好的香腸便掛在曬衣竿上，晾在晴天的後院裡。喜愛庭院的母親做香腸、包粽子都一定是在院子的大桌上進行，一面工作一面享受戶外的空氣。也唯有空氣清淨的時代，才能在戶外讓香腸自然風乾。全部做好之後，竿子上掛著一串串香腸，便拿針將香腸一一刺破，放掉裡面的空氣。這麼一來，外側的皮和內餡才會緊密貼合，隔絕空氣，讓肉裡面的胡椒、五香料發揮防腐劑的功用，使香腸得以長期保存。香腸要在這一整天陰乾，到了傍晚則收到屋簷下，翌日起的二、三天，在通風良好的地方陰乾，等完全好了，便掛在屋簷下保存。

現做的香腸煎來吃也好吃，保存的香腸當然也可以在鐵網上烤或油煎。香腸放久了會略微變硬，稍微蒸一下，再放進平底鍋邊滾邊慢慢煎熟，又是另一種美味，忍不住一吃就是好幾條。

該說是豬子宮，還是子宮到產道這一段呢？我不清楚正確的位置，但這個稱作脆腸的部分脆脆的，非常好吃。洗淨後與香草類的蔬菜一起水煮，再搭配喜愛的辛香料來吃，或是拿來炒。產道比大腸、小腸厚上許多，煮過之後，孔幾乎會被塞住。生產過的豬或是沒生產過的豬吃起來都差不多美味，但生產過太多次的似乎就不怎麼好吃了。

豬腎在台灣很昂貴。腥臭味雖重，卻非常好吃，以前據說只有爺爺奶奶才有資格吃。多半是買不起全家人的分量，所以只給備受尊敬的大家長吃吧。

腎是過濾體內雜質最多的血液之處，因此臭味非常重。為了去除異味，必須泡水泡上好幾天，還要經常換水，因此事前準備要預留充分的時間。我都是對半切開後，將脂肪與中央白白的硬塊去除再泡水。細心正確地泡水，不僅可以去除腎臟的異味，還能讓口感更好，增添風味。以薑、醬油來炒，或是做成什錦麵、八寶菜來享用。

鳥的內臟和家畜的不同，非常小，因此經常將一隻鳥的內臟全部一起料理。胗、肝都沒有腥味，容易入口，炒、煮兩相宜，加點甜醋和一點辣味，便是一道好菜。脖子的氣管脆脆的很有嚼勁，滷雞冠、滷雞腳則軟化膠質，入口即化。尤其是有蹼的鴨掌，一入口就忍不住吸吮起來，一根根啃得滿嘴黏膩，便是吃鴨掌最大的樂趣。

由於鳥的內臟小，中文裡便以「雞腸鳥肚」來形容沒有度量、小氣的人，說他們的肝膽就像鳥一樣。

無論是肉還是蔬菜，材料的鮮度與料理密切相關，尤其是內臟料理，甚至可以說，材料不新鮮就完全失去意義了。不熟悉內臟的人，一開始總覺得很噁心，不免大驚小怪，但習慣之後，只見紅的紅、白的白、褐的褐，各有其鮮豔瑰麗之處。一看就覺得鮮活漂亮的，就是鮮度好的健康內臟，開始會覺得這樣的內臟漂亮之後，一眼就能分辨出有點不太對勁的、不新鮮的或是可能有病的內臟了。

要吃可口的內臟料理，最重要的就是先習慣內臟。我懇切地希望，市面上的肉店能夠讓我們更容易買到各種內臟，不要都只賣肝和雞內臟。

「脆腸料理」的作法

當天現宰的豬脆腸委實可口。作法簡單，也適於下酒，我在此介紹兩種作法。

材料：豬脆腸一公斤　明礬　粗鹽

1 脆腸以明礬與粗鹽將內外完全洗淨，去除腥味與黏液。

2 以大量滾水汆燙。因為是豬內臟，必須熟透，但又不能煮得太硬，因此水滾之後大約燙個一、二分鐘。燙好之後，立刻放入水中，防止餘熱讓脆腸變老。

〈蘸醬油的吃法〉

材料：燙熟的脆腸五百公克　大蒜（大）三～四瓣　醬油三～四大匙麻油

1 脆腸切薄片。

2 大蒜磨成泥，以麻油做成大蒜醬油，供作脆腸蘸料。

〈炒脆腸〉

材料：燙熟的脆腸五百公克　嫩薑（去皮）二百公克　醬油四～五大匙　油二大匙

1 脆腸切薄片。

2 嫩薑切絲，以油爆香，加入脆腸，拌入醬油即可。以鍋鏟翻動幾次便可熄火盛盤，以免脆腸太老。

實際上脆腸指的似乎是產道附近部位，但豬太老或太年輕都不好，生過一、兩胎的年輕母豬最可口。脆腸的美妙之處不在於味道，而是它脆脆的口感，因此火候的掌握特別重要。

據說這對年輕男女具有微妙的功效，因此每當這道料理上桌，就會有人露出詭異的笑容，但在我們家是視為增強體力的食物，不分大人小孩都吃。只不過當在座的都是男人時，會出現什麼話題，我就不得而知了。

8 南國的婚禮

我們所乘坐的巴士一進入村莊，田裡的人便停下手上的工作望著我們。小孩子們從屋裡跑出來，對著意外造訪的巴士行列揮著手奔跑。

「對了，今天是地主家的少爺娶親的日子嘛。」

「我們待會也去祝賀一下，吃頓好的吧！」

老人家因為罕見的光景而走出來，瞇著眼睛抬頭看著我們的巴士，與街坊鄰居大聲說話。

這一天，長我十二歲，最小的姊姊要結婚了。距離台南車程兩小時的鄉下村子，便是將要成為我姊夫的他所出生的故鄉，依照台灣文化的傳統習俗，婚禮要在新郎家舉行，因此我們便動員了父親所經營的運輸公司[13]的巴士和出租汽車，好幾輛車魚貫而

13 編註：興南客運公司。

來。這裡是太平洋戰爭末期我們一家疏散的村莊，今天的新郎，是當時借屋子給我們的本地大地主的姪子。戰爭期間，他一直在日本上大學，才剛回來，便被父親相中，要他當東床快婿，而這位姊夫不但溫柔聰明又有學識，而且還非常英俊，當時還是國中生的我好生羨慕姊姊。

結婚前一天，老練的美容師來到姊姊那裡，仔細為她修臉，再以蛋白敷臉。我和妹妹看到一整張臉塗得滑滑亮亮的姊姊，不禁大笑，為了逗笑繃著臉不能有表情的姊姊，我們還故意說笑話，打鬧嬉笑了一場。或許是因為台灣人大多數汗毛稀疏，即使是女孩子，幾乎每個人都是到了結婚當天才修臉。婚禮前剃刀頭一次上臉，與其說是為了美容，不如說是意味著人生新階段的開始吧。下一次修臉，則是父母去世之時，這也是人生的重大轉折。我十七歲時父親謝世，當時第一次修臉，第二次則是結婚前一天。

四姊和四姊夫婚禮合照。

而從此之後，即使如今已年過五十，仍從未修過臉。

我們是以剃刀修臉，但若遵從過往的風俗，本來應該是要請「拔顏毛」[14]幫忙的。拔顏毛也是一種美容師，是專門拔除臉上汗毛的阿姨。她們靈巧地操作兩條鬆鬆交叉的細線，將汗毛拔得乾乾淨淨，一根也不留。由於人們說以剃刀剃毛會使汗毛變濃，因此以前的人較喜歡請人來拔顏毛。這工作需要相當的技術，在我們那個時代，阿姨的人數已經減少了，但我小時候，每天早上上學途中，只要經過小房子櫛比鱗次的老市區，有時候便會看到拔顏毛的阿姨坐在晨光明亮的後巷，為年輕女孩拔汗毛的情景。

那女孩應該是屬於汗毛較濃的人吧，看來年紀很輕，不像即將出嫁。在朝陽燦然流瀉的後巷，將頭伸到拔顏毛大嬸胸前，輕輕閉著眼，把自己的一切託付給大嬸的安詳表情，讓我留下了美麗非凡的印象。女孩身旁看似她母親的人，正露出碩大的乳房餵老么嬰兒喝奶。

拔顏毛阿姨大都身材肥壯，一見便令人安心。從事這一行，自年輕起便必須不斷學藝，否則無法成為技藝高超的拔顏毛阿姨，因此應該有年輕的拔顏毛阿姨才對，但不知為何，我們所知道的拔顏毛阿姨個個都是肥胖的中年婦女。上身穿著中式傳統服

14 譯註：從作者的拼音看來應該是台語，如今多寫作「挽面」。

飾，下半身一定穿長褲，坐在椅子上，雙腿左右大大張開。除汗毛的人則坐在低低的小凳子上，置身於阿姨的雙腿之間，臉正好就對著阿姨的胸口。阿姨將兩根細線的一端咬在嘴裡，貼在臉上輕撫般滑動。兩根線之間的細縫絞住臉上的汗毛，輕輕拔除。

「要不要請拔顏毛的來？會變漂亮哦。」傳統的姑姑嬸嬸們經常向我們推薦，所幸我們家的遺傳汗毛少，顯眼的地方完全沒有，因此稍微用剃刀修一下即可。坐在阿姨雙腿之間的樣子，令我有些排斥，我結婚時母親也曾問過，我也回絕了，說用剃的就好。姑姑嬸嬸們很替我可惜，說拔顏毛一點也不會痛，還可以變成肌膚光滑勻淨的美人兒。

載有穿著白色新娘禮服的姊姊的車一靠近，新郎家便一舉點燃鞭炮。廣大的前庭立刻充斥著鞭炮威猛的爆炸聲，而迎娶新娘的一家人便以此為信號，來到前庭。

依照傳統習俗，這天一大早，新郎先在自己家裡的佛堂與全家人一起拜拜之後，才前來我們台南家迎娶新娘。大家都說迎娶新娘一定要在上午，因此像今天這樣，新娘家位於兩小時車程之外的，新郎便會非常忙碌。當然，假如距離更遠，新娘一家便會先行在附近投宿。

如今經常有家鄉相距甚遠的新人結婚，好比台南的新郎娶台北的新娘，因此迎娶便是到新娘一家所投宿的飯店去迎娶，直接在那家飯店舉辦婚宴的情況也不少。但以前的出嫁迎娶，兩家大都是位在同一個城鎮、同一個地方的人家，必須先出發外宿的親事很少，新娘則是從自己家坐轎子，搖呀搖地慢慢搖到夫家。

即使同在台灣，南部與北部的結婚習俗也略有不同。由於台灣文化是大家族主義，結了婚的兩人當然是從男方家分一、兩個房間來住，但我們南部是從床、衣櫃、沙發、茶几、化妝檯等，舉凡所有家具和房間裡的擺飾，全都由男方準備，再迎娶新娘，相對的，台北等北部則是男方將房間清空等候女方。依照習俗，家具是女方的嫁妝，結婚當天一早，熱熱鬧鬧地從女方家送過來。但是現在，不管是不是南部人和北部人結婚，很多人都是事先商量好，好比衣櫃我們買，化妝檯你們買。原因無非是傳統的大家庭開始瓦解，新婚夫婦住進新買的公寓已經成為時代的潮流。

婚禮的前一晚，新娘家會全家人聚在一起做雙喜。依照傳統，婚禮前一晚深夜要到佛堂拜拜，晚餐後最後團聚的時間，一家人便用來剪紙，拿紅紙剪出大大小小的「囍」字。由兩個喜字並排、喜氣洋洋的雙喜文字，要貼在明天帶過去的所有大小物品上，祝福出嫁的女兒幸福美滿。從大型家具，到針線盒、小鏡子等瑣碎的東西，都要貼上紅色的「囍」字做記號，不能遺漏，因此大人小孩全都拿著剪刀，誠心誠意地剪出一張又一張的雙喜。

新郎家也一樣，放入新人房間的東西都要貼上家人所做的雙喜，但嫁女兒和娶媳婦的家人心情不同，姊姊出嫁的前一晚，一想到姊姊就要離家了，拿著剪刀的手就不禁沉重了起來。

台灣式婚禮長達兩天。首先是婚禮當天，一早全家人在佛堂向祖先報告，新郎前來迎娶後，新娘一行人便前往男方家。在那裡舉行第一場喜宴，度過一夜，然後翌日要在女方家宴客。這回就換新郎一家人大舉前往新娘家。客人有學校的朋友、孩提時代的奶媽等等，面孔多少有些不同，但親戚和主要賓客是一樣的，因此說到婚禮，一定是接連兩天的大宴會。最近有些人嫌麻煩，不在家舉行婚宴，改在飯店請客，也有豪華的新人在雙方家中宴客之外，還禮數周到地在飯店裡再舉辦一場，這麼一來就是連續三場了。若應邀參加台灣的婚禮，最好是將體能調整好再出席。因為無論什麼事，台灣人就是喜歡慢慢來。

由前來迎娶的新郎車領路，我們一行人抵達對方家門時，大約是十點吧。首先新郎下車，媒人下車，我們再從巴士下車，但身為新娘的姊姊則還在車上。要等到打扮可愛的小女孩捧著托盤端出一顆蜜柑，這時候新娘才會下車。若是在古時候，這時候的場面則是新娘優雅地下轎。

甘願也就是「打從心裡希望如此」的詞語，以台灣話的蜜柑，即「柚子」[15]，作為諧音，這個儀式是表達新郎由衷想娶妳為妻的心跡，蜜柑只要是當時生產的柑橘類即可，以紅紙圍上一圈象徵喜事，新娘看到這個，才會踏進新郎家的院子。這是我故鄉婚禮中必有的儀式，但這似乎僅限於台灣，沒聽說在其他地方有這樣的婚禮儀式。說到這裡，北平話的蜜柑唸作「柚子」[16]，這樣與甘願就沒有諧音了。

新娘下了車，媒人牽起新娘的手，朝庭院正面的佛堂走，四周的嘈雜歡呼聲便頓時靜了下來。「但願別絆倒才好。」姊姊拖著穿不慣的長裙，我以祈禱般的心情望著她的腳步。新娘若是因為裙襬或是院子裡的石頭稍微絆住了腳，便被視為不吉利，尤其絆到門檻更是嚴重失態，整件婚事可能因此而泡湯。

一群人眼巴巴地望著姊姊的腳，剛才通知新娘抵達而大鳴大放的鞭炮散了一地，就在姊姊腳邊。膽小的我討厭鞭炮，剛才也忍不住塞住耳朵，只見好好一片綠油油的草地上散了一地鞭炮碎屑，叫人很難不擔心。鞭炮在台灣是喜慶時不可或缺的物品，但爆開之後遍地狼藉，再說，要是新娘子因為鞭炮聲吃了一驚跌倒了，豈不是壞事了嗎？我結婚的時候能不能不要放鞭炮啊？我望著姊姊的背影，心裡做著孩子氣的夢。姊姊緊張地徐徐前進，順利進了佛堂。

15 譯註：在日文中，漢字「柚子」是指一種料理用的柑橘類。日文原書中，作者在漢字旁的拼音為台語的橘子，現在習慣的漢字表記方式為「柑仔」。

16 譯註：日文原書中，作者在漢字旁的拼音為國語的橘子。

向祖先報告完畢，便是將新娘帶往今晚開始入住新房的入房儀式。由家族中輩分最高的女性來負責領路，但這時候新娘的腳步也萬萬不能稍有差池。

「前面有樓梯。」

「小心，那邊門檻很高。」

家族中的女人們緩緩跟在兩人身後，因為擔心新娘的腳步而紛紛開口提醒。

「裙襬再稍微拉高一點吧？被地毯絆到就不好了。」

「姑姑，妳要拉好新娘子的手哦。」

以前每一戶人家的房子都很大，不是現在所能相比的，走廊也彷彿沒有盡頭，無論轉了幾個彎，都覺得好像永遠走不到新房似的。尤其是領路的長輩若年紀很大，與必須小心腳步的新娘走這趟路，將是一大工程。以前的新娘在婚禮這一天才首度踏入夫家，因此當然分不清前後左右，這樣的領路是絕對必要的。但是如今，為了看家具放置的位置、壁紙的圖案、窗簾的配色等等，新娘在婚禮前好幾天便已數度進出兩人將來要住的新房，早就知道該怎麼走，卻仍要依照傳統的入房儀式，由女性長輩拉著手進新房。

幾年前一個姪兒結婚，到了入房儀式時，大嫂以一族之長的身分牽起新娘的手。新娘也溫順地伸出了手，但大嫂卻完全不知道要去的新房在哪裡。房子是新建的，大嫂也沒來過幾次，因此不知道該往哪裡走。

「該走哪邊啊？」

大嫂悄聲向跟在我身後的四姊問，四姊朝新娘子使個眼色，「妳該問新娘呀。」

新娘也答：

「伯母，這邊、這邊。」

由大嫂牽著的手反而拉著大嫂走。走在後面的我們偷笑著由新娘領路，順利進了新房。

以前的新娘和開朗大方的現代新娘不同，要由今天才初識的老婆婆牽著手，走過舊式房子長長的走廊，在結婚的喜悅中，想起今後陌生的生活，心中想必忐忑不安。公公婆婆就不用說了，妯娌小姑等女眷會不會歡迎自己，是決定婚姻成敗的重要關鍵。

來到新房之後，新娘首先被帶到化妝檯前坐下。女眷們接著進房，要新娘吃許多甜食。事前便準備好幾碟盛裝數種淋了蜜般的甜點，有糖水煮紅白湯圓，有冬瓜糖，還有一種我覺得實在是令人難以下嚥的東西：泡在糖水裡的水煮蛋。這些象徵圓滿如意、不講究好吃只講究甜的甜點，接二連三地端出來，新娘全部各以湯匙吃一口，表示接受祝福。除此之外，房間的化妝檯上、斗櫃上、茶几等地方，都放著糖果或巧克力等甜的東西，準備分給待會兒來新房參觀的客人。吃糖吃甜，是期許將來的生活只甜不苦。

新娘的回禮是婚宴後的奉茶儀式。家族裡年紀比新娘大的女眷都集合起來，由新娘一一奉茶，再次以媳婦的身分問候諸位長輩。這一整天忙忙亂亂，尤其在幾百個人的婚宴上，連話也無法好好說上幾句，因此趁這個時候彼此認識。由輩分最長的開始依序奉茶，接過茶的人一定會在托盤上放一個裝了錢的小紅紙袋——紅包，作為回禮。這代表著祝福，聽說也是體貼新娘一定還害羞得不敢向丈夫要錢，希望新婚的新嫁娘不缺零用的一份心意。奉茶儀式結束後，新娘才將家人的名字與面孔連接起來，成為一家人。

姊姊的喜宴不到中午就開始了。廣大的前庭由幾十張圓桌擺得滿滿的，這一天的客人真不知有幾百人。新郎、新娘和媒人背對佛堂而坐，靠近正面的桌位安排給雙方父母以及親戚長輩、求學時代的恩師等照顧過新人的人，然後是近親、遠親等親戚、朋友、手足、老一輩的傭人依序而坐。在日本受邀出席婚宴，父母大都坐在末席，但在台灣，父母是結婚當天僅次於新郎新娘的主角，按規矩，父母的席位幾乎與主賓同等。孩子的婚禮，是將孩子們拉拔養育到這麼大的父母最光彩的一刻，為了報答親恩，雙親一定要坐在婚宴的主桌。傭人那一桌，尤其邀來已告老返家的老公公老婆

四姊婚禮大合照。

婆，喜極而泣地談起那麼小的少爺、小姐如今已經一表人才、如花似玉，而更後面靠近大門那邊，則放置著幾張自由桌，沒有固定是誰的座位。

相較於日本的喜宴一切按部就班，從開始的致詞到散會，說兩小時就是兩小時結束，台灣的喜宴可說是展現了悠閒的國民性，整場婚禮免不了有大致、隨性之處，但最大的特徵應該是有不速之客吧。只要聽說某某家的某某人要結婚，諸如遠親的遠親、朋友的朋友的朋友都來了，結果是毫無關係的人為了吃一頓豐盛的宴席，三三兩兩趕上門來。聽說其中甚至有從未謀面的陌生人，也就是專門白吃喜宴的行家，但即便是這樣的人，主人家也不會因為沒有喜帖便請他們離開，這就是台灣人大而化之之處，既然前來祝賀就全數招待。與新郎新娘兩家素昧平生的人們，喜氣洋洋地開心享用大餐，正是古今不變的台灣喜宴風光。

最近我才去參加一場在台北一流大飯店舉辦的喜宴，

「妳認識那個人嗎？」

「坐在那邊那位胃口很好的老太太是誰呀？」

「我上次去吃喜酒也看到過她，可是沒有人認識她耶。」

我不時朝入口附近後面的桌次看，一面和鄰座的人低聲耳語。

飯店方面也經驗豐富，例如宴請六百位賓客，就會多備十桌，約一百人的份。這個部分可用可不用，端看當日有多少人用餐再照實收費。但因為當這些桌位座無虛席，聽說有喜事而前來的陌生人們心滿意足地大吃大喝的情景，正是一派華燭盛宴的景象，因此主人家雖然嘴上說著：「不請自來，真叫人頭痛。」卻也十分在意預備桌的空桌情形。

姊姊的喜宴不到中午便開始了，直到接近傍晚仍沒有結束的樣子。平時開朗愛笑的姊姊也因為昨天開始便一直情緒緊張，看來有些疲累，但不知是否正因如此，姊姊的新娘裝扮更顯得溫柔婉約、楚楚動人，宛如黃昏裡的一朵白花。

結束一天工作的村民們陸續前來祝賀，入口附近的桌位不知不覺便坐滿了。有些人洗淨了沾滿泥土的手腳，吃完一頓好菜就走，有些人一看就知道是不好意思直接從田裡赤著腳來，回家穿了鞋，把扁擔、鋤鍬擱在牆後才進來。

「好漂亮的新娘子！你看看少爺高興成那個樣子。」

「大老爺一定很想早點抱孫吧。」

一開始還與鄰座低聲交談，但一喝起酒來，便越來越熱鬧。

「不愧是地主，最近都沒有這麼豪華盛大的婚禮哪！」

「這種好日子可是很難得的，好好吃一頓吧！」

不斷上桌的酒菜讓他們都喝醉了，甚至有人忘了把重要的生財工具帶回家。事實上，料理一道接著一道，連桌子都擺不下。這一帶村子宴客的重點似乎是比看誰宴客時間最長、料理最多，來自台南的都市人完全被這「物」海戰術的氣勢震懾了。

分量十足的一整套料理上菜完畢，還以為就此結束，沒想到過了一會兒，又開始下一套菜色。正期待會是什麼樣的料理，但吃了一道、兩道後，我們便納悶起來了。

「喏，這道菜剛才不是出過了嗎？」

「對喔，好像跟上一套的菜一樣耶。」

從前菜開始，烤的、煮的、炸的、蒸的、拌的，陸續上桌的整套菜色，直到甜點，竟是將整套菜色從頭到尾重出一次。因為是鄉下，材料和廚師會做的菜色都有限，也難怪會如此。原來這就是大量地、長時間連續出菜的秘訣。環顧四周，覺得奇怪而竊竊私語的就只有我們這一桌，其他賓客都是一臉理所當然，和頭一次出菜時同樣享用著料理。以前遇到這種奇特的事情，最會打趣、最是妙語如珠，令我們由衷佩服的，就是今天的新娘，但姊姊坐在遙遠的桌位，也不知是否發覺了菜色又重複了一次，仍舊像一朵白花般嫻靜地微笑著。

假如姊姊現在和我們同桌，會對這些菜發表多麼有趣的見解呢？假如這不是姊姊的喜宴，那麼姊姊也能坐在這裡，一想到以後我們姊妹再也不能縱情談笑，忽然間寂寞湧上心頭，模糊了姊姊的身影。

這天的喜宴將同一套菜重複了好幾次，一直持續到晚間十點多，是一場持續了十小時以上的盛宴。從那之後直到今天，我在台灣、東京參加過不少婚禮，但再也沒見過如此盛大的喜宴。儘管是鄉下的宴席，仍奢豪非凡。事後回想起來，這場婚禮在我家是父親那一代的最後一場婚禮。

「烤乳豬」的作法

婚禮等喜慶宴會的代表性料理，非烤乳豬莫屬。必須配合宴會的日子，在半年或一年前事先預定好幾頭血統純正的乳豬。因為是喜事，乳豬也要講究出身。出生兩、三個月，頂多半年的乳豬沒有騷味，塗上各家特製的醬料來烤。我們家的醬料一概不用辛香料，用料極其單純。

材料：乳豬一頭（五～八公斤）　醬料（醬油三杯　酒一杯　蜂蜜一～二杯）

1 取出乳豬的內臟（可將肚腹剖開，亦可由尾部取出，保留全豬的模樣）。

2 泡熱水，去毛（西式作法是以瓦斯噴槍將毛燒除，但台灣是一根根拔淨。這樣可以將豬毛連根去除，吃起來好吃得多）。

3 茶巾泡酒扭乾，裡裡外外仔細擦拭，以醬料刷將調拌均勻的醬料刷上整隻乳豬，每個地方都要刷到。

4 用鐵棒從頭至尾貫穿乳豬，掛在火爐上，邊塗醬料邊以炭火燒烤。

5 整隻豬熟透，皮烤得又香又脆，大約需時二～三小時。

豬皮像派皮一樣烤得酥脆最為可口。烤乳豬要勤於塗刷醬料，轉動鐵棒，當油滴在炭上時要將煙搧走，以避免煙燻味，因此必須隨時有人在旁照料。

有人喜歡五花肉、有人偏愛腿肉，每人口味不同，但其中也有挑嘴的人只吃香脆的豬皮。烤好時直接吃也好，搭配甜麵醬（即甜的味噌醬）和蔥白細絲，也不失為一個好方法。

若是乳豬在眼前燒烤的花園烤肉會則另當別論，如果要作為整套宴席料理中的一道菜，計算烤熟的時間就成為一大挑戰，我們家傾向於在套餐前段，大約第三、第四道時上菜。

9 年菜

某個冬天早晨，我在腦中計算一個小時的時差，拿起手邊的電話，撥了國際電話。

嘟嚕嚕嚕……嘟嚕嚕嚕……通話聲響起，接著卡喳一聲，電話接通了。

「恭喜！新年好！」

輕快明朗的聲音劈頭傳入耳中。我可是幹勁十足，決心今年一定要搶先道賀的，結果又被對方搶先了。這是舊曆一月一日早上，我打電話向台灣的手足拜年。

三十年前我剛來到日本時，有好長一段期間，打國際電話是很奢侈的一件事，不是說打就能打的，而且線路也差，撥號到接通需要相當的時間，十分麻煩，但隨著時間一年年過去，現在已經成為方便的聯繫工具，又快又便宜。

尤其是台灣從數年前開始可以直撥，隨時想到都能隨手撥打國際電話。

我到東京生活之後，不知不覺，我們手足便養成新曆年他們從台灣打來、農曆年我從東京打去的習慣。日本一月一日時，台北的姊姊打電話來：「妳那邊過年，新年

已經開始在日本NHK、富士電視台教課，並在各地演講的辛永清，攝於日本住家。

快樂。新曆年雖然沒什麼過年的感覺，不過今年還是要請妳多多指教。」接到電話時，我與兒子正在餐桌上，吃著一年當中只有這天才會吃的純日式雜煮來慶祝新年。

我在日本生活的時間已經比待在出生的故鄉台灣更長，兒子更是生於東京、長於東京，我們母子的生活中，早已沒有過農曆新年、慶祝春節的習慣了。但是，每年一到這個時期，台灣就會寄來許多烏魚子。烏魚子是台灣過年不可或缺的美食，這份禮物是姊姊的心意，希望我們至少能吃到烏魚子。這些珍味我會拿來送禮，也會自己享用，以緬懷故鄉的過年，這是我僅存的春節慶祝，其餘便完全習於日本的新曆年了。但自從養成雙方新年互通電話拜年的習慣以來，為了不弄錯日期，每年年底我都會買一本農民曆，拿紅筆在月曆上清清楚楚圈起來。農曆新年時分，東京通常正值嚴寒之際，我畢竟生長於南國，拿起話筒時總是因為早上的寒意縮著脖子。有時只見公寓窗外街上光禿禿的樹枝，在強勁的西風中劇烈搖晃，有時是大雪紛飛、不見天日的日子。在這樣的年頭，聽到透過電話傳來的「恭喜！」與遠遠響起的鞭炮聲，一顆心頓時好像從寒冷的東京飛到了南國台灣的正月。

平常見了面會互問「吃飽了沒？」的台灣人一到過年，無論遇到誰，都連聲互道：「恭喜！」「恭喜！」接電話時也不像平常說「喂」或「您好」，而是一拿起話筒便熱熱鬧鬧的「恭喜新年好！」，簡直就像非比對方早說出來不可似的，搶先道賀。每年、每年，無論是哥哥家還是姊姊家，明明是我打過去的電話，卻總是被對方搶先，總要晚一拍才輪到我祝賀新年。

今年春節早上，在我的電話中首先說「恭喜！」的姊姊，她快活的聲音似乎與往年有所不同。說是寂寞未免誇大，但總覺得好像不太對。一問之下，原來是年輕人全都出門了，只有她和姊夫兩個人過年。

「天還沒全亮，他們就上了小型巴士，鬧烘烘地出門去了。」

我們家從以前一有事便會出動巴士。父親曾經營巴士運輸業也許是原因之一，但這樣一大家子要大舉移動，還是坐巴士最理想。這回姊姊的孩子們也是攜家帶眷出門，再加上哥哥孩子們的好幾家人，浩浩蕩蕩一共幾十個人熱鬧出遊。台灣南方的高雄是著名的觀光地，而比高雄更南邊的地方新建了附溫泉的休閒飯店，他們便是要在那裡悠閒地住上兩、三天。

「老夫妻留下來看家，拜拜也就只有我們倆呢。過年不知道什麼時候變成這樣了，要是爸爸看見真不知會說些什麼。」

但是姊姊姊夫也是一過初三就要到紐西蘭去玩，過年漸漸變得越來越不特別，也許是每個國家都不得不然的趨勢吧。

「最近的年輕人真是的，過年期間接電話也不會說恭喜，還問您哪位，感覺好冷清啊。」

所幸接到我的電話的人家都是開口就「恭喜！」不絕，讓我回味了故鄉令人懷念的年味。

說起小時候過年，光是過年這幾個字簡直就像燙了金般，是一段亮晶晶的特別時段，雖然不至於像〈再睡幾晚就過年？〉[17]那首歌一樣，但真的也是數著手指頭期待過年的到來。除夕夜的年夜飯，深夜的拜拜，一開年，家家戶戶門上都張貼寫有吉祥話的紅紙，在院子裡放鞭炮。家裡會客的房間擺出了所有的餐桌，盛起年底花了好幾天準備的各色豐盛菜餚，迎接拜年的賓客。中午一過，便有上百位客人陸續前來，必須請客人稍微就座，並吃、喝個一口什麼的。來客的尖峰時間，有時候前一位客人才剛離席，匆匆收拾一下，下一位客人便已經坐下，必須趕緊為客人安排餐具。有些人拜完年只挾個兩、三口意思意思便告辭，也有不少客人聊得忘了時間，吃個沒完。

待客的料理也與平常請客不同，大部分都可歸類於前菜類。首先是台灣過年不可或缺的烏魚子，那是由母烏魚的卵巢曬乾做成的，重要性與日本年菜裡一定會有的鯡魚卵相當。烏魚子是珍味，也是象徵多子多孫的喜慶之物，十分受到喜愛。剝除薄膜後以酒擦拭，在火上稍微烤過是台灣式的吃法，通常是斜切成薄片來吃。我家會搭配蔥白絲，我覺得蔥的嗆辣與清脆的口感，和烏魚子濃厚的風味，真是天造地設的絕配。

其他的盤子裡有種種事先做好的前菜，如叉燒、滷蛋、紅燒牛肉、滷雞腎肝、薑味凍雞皮、醉雞、油爆蝦、香菇鮑片等等，還有新鮮水嫩的什錦涼菜（綜合涼拌）。鮑魚、干貝、風螺、章魚、花枝、蝦等新鮮魚貝類，加上胡瓜、胡蘿蔔、白蘿蔔等生鮮蔬菜混合起來，拌以各式調味的油醋來吃，算是中式的海鮮沙拉。

熱的菜色有魚翅、海參、燉全雞等，現做的菜色方面，有燒雞和蜜汁叉燒，事先準備好大量長時間醃透的雞、豬肉，視客人人數燒烤。以蜂蜜醃過的叉燒是用豬的肩裡

17 編註：瀧廉太郎作曲、東くめ作詞的日文歌謠。

肌肉，以等量的蜂蜜、酒、醬油做成的醃料醃上一整天，烤時再塗上蜂蜜，是口味偏甜的豬肉，這道菜最有價值的地方就在於熱騰騰的現烤現吃。烤時塗上了蜂蜜，因此烤起來油亮鮮紅，增添正月的喜氣。燒雞則是剛出爐好吃，涼了也好吃，還可拿來涼拌，當賓客眾多時，是非常方便好用的一道菜。

除了這些菜色之外，還要做**大量澄澈**的清湯，以鮑魚、竹筍、蝦丸、鴨兒芹、蝦夷蔥等作為配料，事先準備好幾種，有需要便重新熱了，作為數種祝年清湯端上桌。「馬上為您安排位子，請稍候。」我們要為剛到的客人找空桌位、上餐收餐、追加餐點，不知在廚房與客廳之間來回了多少次。

廚房則有別於會客廳，另設一桌，供平常進出廚房的商店夥計和其他廚房的客人、傭人的親戚朋友使用，熱鬧非凡。傭人們也要接待來訪的客人，十分忙碌，因此客廳那邊的接待必須由家裡的女眷來支援。母親和嫂嫂們自然要出面，女兒到了一定的年紀，也要獨當一面負起接待之責，而多少能幫得上忙的孩子們則奉命幫忙跑腿。穿上新製的洋裝，綁上全新的緞帶，在緊張中度過大年初一，轉眼間已天黑，擠得水泄不通的客人到傍晚也如退潮般離去。明天初二，和日本所說的「嫁正月」差不多吧？這一天女兒們要帶著丈夫回娘家，我們家也是哥哥們各自陪嫂嫂回娘家，而出嫁的姊姊們則與姊夫一起回來。雖然都是家人，但明天還是有明天的客人。

因為要和客人應酬，一天免不了也要陪著吃點東西，因此累得連家人吃過飯了沒都不知道，初一到初三這三天忙得團團轉，一到晚上便頭昏腦脹地癱在沙發上，但來客無不一臉神清氣爽，一身美麗新裝，完全是新年新氣象的寫照，每天都愉快非凡。當然，對孩子們而言，領親戚長輩們裝在紅色紙袋裡的壓歲錢紅包，也是一大要事，總要互相比較今年收到多少、戰果如何。

過年的準備從採買開始。春節將近時，一家的主婦便盤算今年過年要做的年菜，制定出大致的採買計畫。首先必須買齊的是乾貨類，在中國文化盛宴中穩占一席的魚翅，號稱有益於眼睛、備受長輩喜愛的乾鮑魚、魷魚、海參、瑤柱、蝦米等。勤跑菜市場，精挑細選後買下的東西多得有如一座小山。母親上菜市場總是會買回滿滿兩籠的東西，尤其是這個時期的購物量，更是讓同行的司機提得氣喘噓噓。泡開乾貨耗時，因此必須視菜單仔細規畫準備的順序，事到臨頭才不會慌了手腳。處理海參大約需要一周，魚翅、鮑魚則是一天一夜。瑤柱和蝦米也要事先泡開，因此歲末的廚房總是擺滿了盛了水的鍋碗瓢盆。

其次便是採買與準備燉煮料理，以及醬菜的事前工作。好幾個盛有大肉塊的鍋子生了火，咕嘟咕嘟滾著，廚房後門的屋簷下宰殺一隻又一隻的雞，白色的雞毛如雪般飛舞。醬菜也和寒冷的日本不同，不是連吃一整個冬天，而是當下稍微用鹽或醬油醃過的醬菜，葉菜類、蘿蔔、胡蘿蔔、芹菜、蕪菁等用辣椒快炒後加以醃漬。過年期間菜市場也休息，因此生鮮蔬菜和海鮮類要留在年底最後再買。除了直接調理之外，蝦子和螃蟹可以加鹽蒸熟，魚則先以鹽醃或油炸來保存。年底大量採買，不僅是為了確保菜市場開市之前的食糧，中國文化中很重視在豐饒的氣氛中過年，因此不管是乾貨也好、醬菜也好，所有東西都要大量存貨。等過了年，這些食品或燉煮、或做湯，會多加一道手續後再上桌。一連吃上好幾天正式的宴客菜之後，來點紅燒魚或香煎魚片，完全是輕鬆家常小菜的口味，在大魚大肉之後帶來鬆了一口氣般的安適。

過年前十天起，廚房便從早到晚都有鍋子在加熱，好幾個人忙著切東西，連休息的時間都沒有。放學回家的孩子們也被叫去幫忙做他們年紀做得來的事，好比撕去豌豆莢兩側的粗纖維、摘除豆芽菜鬚等。進出廚房後門的人數是平常的兩倍，正忙得不可開交時，「送貨！」有人將縛著雙腳、拚命掙扎的兩、三隻雞送到後門。這是活生生的歲末禮品，雞腳上綁著的紅紙條代替了賀卡。雖然也會收到大量的酒或盒裝的烏魚子，但活的歲末禮品也陸續來到廚房。雞是最多的，其他還有火雞、甲魚、鯉魚……雞不斷地搖晃腳上的紅紙，而甲魚和鯉魚則是在提把上綁了紅紙的水桶裡發出嘩啦啦的水聲。

「哎呀，看看這隻雞，好瘦呀。」

「夫人，這沒辦法做燒雞的。」

「哎，沒辦法，就送進雞舍養著吧。」

活的禮品當中，偶爾會有瘦巴巴、可憐兮兮的小東西，因而被送進雞舍、放進水池養肥的也不少。幾個月後去挑雞來殺時，看到一隻腳上還綁著紅紙的雞在後院亂跑，宛如這裡是牠的地盤一般，便知這是歲末時人家送的禮，腦海中跟著浮現送禮的人的面孔，不禁苦笑。

眼看就要過年了，就該著手做年糕。首先得把元旦早上的蘿蔔糕和加了砂糖的甜糕做好。我們家過年期間的早上吃得很清簡，在佛堂拜拜之後，只吃年糕和喝口味清淡的湯。

平常蘿蔔糕裡會有切絲的蘿蔔和蝦米、乾香菇，但因父親和母親終生都吃**早齋**，午前一概不碰葷腥，所以也會準備沒有加蝦米的蘿蔔糕。甜糕則深受孩子們喜愛，事後會用來做甜點，因此要做上好幾種，除了加紅糖或黑砂糖的甜糕之外，還有加堅果或芝麻的。日本的年糕是以蒸熟的糯米直接以杵臼啪噹、啪噹一杵一杵搗出來，黏性很強；相對的，我們是拿用石磨磨過的米，再以蒸籠蒸熟。用的不是糯米而是一般的米，選擇黏性低的米來做，因此做出來的年糕比日本的更軟、更柔和一些。我家後院有一座約小孩子高度的石磨，我經常和廚房的婆婆一起磨米。

院子裡的石磨，是一個圓形檯座，沿著圓周刻有一道溝，上面是兩塊相疊的磨盤。將泡過水的米舀入磨眼，轉動石磨，便會流出白白稠稠的液體，積在溝裡。檯座的溝就像日本的片口壺一樣，有一個突出來的口，讓米漿可以從那個口滴落。前後推動石磨頂端安裝的長長木柄，石磨便會發出喀喀聲開始轉動。推石磨是很花力氣的工作，在我家是由待了很久的婆婆或洗衣服的阿姨，有時候也會拜託長工來推。這不像日本的石磨只用手臂的力氣來推，而是要將木柄前端又粗又結實的繩子抵在肩上，用全身的力氣來推。說到石磨的磨溝，就好像鋸子的齒一樣，說起來是很好笑，但過年前會有雕磨溝的師傅來，叩咚叩咚拿鑿子敲打。

將泡開的米倒入磨眼主要是孩子的工作，石磨繞一圈，磨眼來到自己面前時，要準確地拿長杓將米倒進去，不能錯過。

「婆婆，妳覺得這次過年，我會拿到多少紅包？」

「假如小姐經常幫忙，又好好招待客人的話，一定可以拿到很多的。」

「婆婆的小孫子過年也會來玩吧？」

「會呀會呀，我孫子一定也會來的，到時候婆婆也得包紅包呢……小姐，喏，別忘了倒米啊。」

我和推動磨柄、發出唧咕聲音的婆婆聊聊年菜、算計紅包，推了將近半天的石磨，終於把過年年糕要用的米漿磨好了。如今只要拿果汁機打一下就完成了，但那時候在準備過年的匆忙中，只有這一天有著偷閒般的樂趣。

石磨流出來的濃稠液體要用布紋緊密的布袋接住。檯座的出口綁著兩層麻袋，要先將袋中的米漿去除多餘水分。做年糕的**底**這樣準備好之後，就要在灶裡生大火，把做年糕的**底**倒進冒著純白蒸氣的蒸籠。因為是液體，蒸籠要非常熱，讓液體流進去的那一瞬間底部就變硬。蒸籠事先放置白鐵模來取代鋪茶巾的「軟模」，依模的形狀，可做成圓形、方形等各式形狀。一開始以大火快蒸，然後再以中火慢慢蒸熟，熱呼呼的年糕就完成了。

蘿蔔糕或甜糕，都是在做年糕**底**的階段將材料加進去。要是年糕變硬了，可以放回蒸籠再蒸，或是用油煎，年糕便會恢復剛出爐時的柔軟，過年期間，我們喝茶時都吃年糕當點心。甜的甜糕像日本的年糕一樣，放在烤網上烤得有一點點焦也很好吃，我們也會裹上麵粉、牛奶和蛋和出來的麵衣炸來吃。

聽說日本有些地方也有盛大慶祝除夕的風俗，而在我的故國，「跨年」和家長壽辰為家中最重要的兩大節慶。為了和家人團聚共度大年夜和開年的春節，離家而居的孩子們也一定會回家。到了這天傍晚，年菜的準備必須一切就序，園丁也將寫了迎春吉祥話的紅紙貼在門上。男人們在前院鬧烘烘地布置鞭炮，也已經準備完成，填充了火藥的紙包已掛在竹竿頭。連日大忙特忙的女人們也總算可以喘一口氣，今天晚上要好好洗個澡，長髮也比平常更仔細洗得光滑柔亮，打扮得花枝招展，準備迎接跨年夜。

今晚餐廳的大桌之下，已擺上一個燒著紅紅炭火的小火爐，坐在桌前只覺腳尖暖暖的，和平常不同，但這並不是為了取暖而放的，而是自古以來的守財風俗，火爐旁要繞上一圈由細繩串得密密實實的硬幣，以祈求錢不會從這個家漏出去，財產不會減少。我家這時候用的金色火爐，外面綁著不知道是什麼時代就有的、燻得黑漆漆的古錢，一年一度由廚房高高的架子上拿下來，在大年夜擔任守財的任務，過後又用紙包起來，收回架子深處。大年夜晚上，每一家都會拿出不知傳了幾代的舊錢，同時也會拿出新的東西，從這天晚上開始用，這是中國文化古老的習俗，圍爐宴上一定要增添新的餐具。即使是小碟子、調羹也好，單單一樣也沒關係，但餐桌上一定要添上新的餐具。

火爐上串繞了一圈又一圈沉甸甸的銅幣，守住了這個家的財產，餐桌上今年也多了新的餐具。於是我們安心了，覺得新的一年全家也會平安順遂，一家人在豐饒的氣氛包圍下，準備送舊迎新。

這天晚上到正月初三，嚴禁由家中拿東西出去或是丟東西。「丟掉、少了」被視為失去財產，很不吉利，因此這段期間就連垃圾也不能丟，要小心收起來。元旦那天有超過一百位的客人，初二、初三也連日都有訪客，廚房的垃圾比平常多得多，但都要好好地收在袋子裡，堆進倉庫，連一點灰塵也不許丟。

由於跨年夜都在寒冷的季節，餐桌上會擺出包括火鍋子（中式的火鍋）在內、一套十二道菜的豪華大餐。就像日本有喜事時會端上附頭尾的魚，台灣在喜慶宴會上也會出現全雞、全魚料理。基於生氣勃勃的國民性，有時甚至會有整隻烤乳豬上桌。烤雞、全雞雞湯、酥炸鯉魚、蒸鯧魚等，每年母親與大廚花上好幾天研擬出來的好菜一一上桌，給大家帶來驚喜。

「每個人都要吃一根。這是很重要的儀式，一定要吃長生菠菜[18]。」在母親催促下，青菜盤依序傳到每個人手上。這盤沒有任何調味，只是將顏色燙得很漂亮的菠菜，在除夕夜的盛宴中尤其重要，每個人都一定要吃。

到了年底，菜市場上便會同時出現特別可當成「長生菠菜」的菠菜，長約四、五公分，非常可愛，只是紅色的根長長地留著，連細鬚都原封不動，是整棵直接從土裡拔

18 譯註：民間有吃「長年菜」的習俗，而食用長生菠菜有可能是作者家族獨有的習慣，或當地特有的說法。

出來的。將泥土、髒污洗淨，小心燙熟，不能破壞原有的形狀，輕輕擰去水分後，直接放在盤子上。也許這是我出生的故鄉才有的習慣，但這是期許我們像植物往大地踏實扎根，堅強成長一般，也希望新的一年從頭到尾都好好的，人們才會吃綠油油帶根的菠菜。

一年最後一頓晚餐的最後結尾——甜點，擺盤尤其要整齊美觀。寒天或布丁等凍類或糕狀的東西，邊邊角角都不能有破損鬆垮，堆起來的山型一定要嚴整，只聽母親在廚房裡不時出聲仔細叮囑：「這是要除舊迎新，所以要打點精神，小心盛好。」方形的東西一定要是正正方方的，屏氣下刀；菱形的角要清清楚楚；金字塔型的就要盡量維持成漂亮的四角錐。我們懷著祈福的心情來盛裝。

為了家人的健康和繁榮，父親壽辰和除夕夜我們一定會吃的「什錦全家福大麵」也吃完了，一家人圍繞著餐桌，邊談著這一年的種種，邊享用的全餐也接近尾聲，終於到了為這一年畫下句點的甜點出場了。有一年的除夕，準備了很講究的甜點。將凝固的奶黃糕切成長方塊油炸，再撒上芝麻糖。因為材料是軟的，成品如何，或多或少令人感到不安，但看到最擔心的長方形四角都完好無缺，香噴噴、金光閃耀的一大盤送上桌的時候，我不由得鬆了一口氣。這道命名為「過年好夢甜點」（但願除夕這一晚能有個美夢）的甜點口感極佳，綻放著金黃色的光芒，十分適合作為豪華晚餐的結尾，是除夕夜最佳的喜慶甜點。

午夜零時將近時，全家人都聚在佛堂。「好，十二點了。大家期待的紅包來了。」父親這句話，讓孩子們差點哇地大聲歡呼！但是我們連忙閉嘴，乖乖地在父親面前站好。新的一年來臨的同時，發壓歲錢給家人是一家之主的重要任務，家人無論大人小孩，都一個個走到家長面前，心懷感激地收下裡面裝了錢的紅紙包。長時間向祖先、神、佛拜拜，過了兩點，孩子們已經睏得睜不開眼，手中卻仍緊緊握著紅包，各自回寢室休息。將父親給的壓歲錢珍而重之地放在枕頭底下，沉沉睡去，心中期待著：明天（其實已經是當天了）會收到多少紅包呢？

元旦一早，我總是被遠處響起的鞭炮聲吵醒。天還沒亮，各處的寺院、靈廟便已大放鞭炮。我家前庭裡，園丁昨天早已豎起了好幾根竹竿，上面掛著鞭炮，等著早上拜拜完，便要一起施放。若隔著一段距離，鞭炮聲聽起來是很熱鬧，但我就怕鞭炮在身旁響起，而且我不喜歡炸完的紙屑散得滿院子都是。膽小的我害怕在庭院裡放鞭炮，總是塞住耳朵，在角落裡縮成一團。

在黎明的淺眠中，只要聽到爆炸聲砰砰作響，我就會被拉回孩提時過年的早晨，但住在東京的公寓裡，鞭炮聲自然不會傳進來。那是什麼聲音呢？我的寢室窗戶面對大馬路，汽車排氣管有時候會傳出爆炸聲，在半夢半醒之中，我會忍不住塞住耳朵，心想：「啊，鞭炮！」才想著自己到了這個年紀還怕鞭炮真是可笑，思緒便一下子飛到故鄉令人懷念的過年情景，醒來後仍癡癡地對著南方的天空遙想，良久良久。

「紅燒牛肉」的作法

我對年菜最基本的想法，是要利於保存與富於變化。這道菜不僅做起來簡單，也完全符合年菜的用途，是很方便的一道前菜。

材料：牛腱五百公克　蔥一根　薑一塊　八角一個　砂糖一大匙餘　酒二大匙　醬油將近半杯

1　將牛肉放入有深度的小鍋中，加入拍過的蔥和薑、八角、砂糖、酒、水三～四杯、一半的醬油，開火加熱（水量以蓋過牛肉為準）。

2　最初開大火，沸騰後將火關小，一面去除浮渣，偶爾將牛肉上下翻動。

3 煮了一個半小時之後，加入剩下的醬油，煮開了便熄火，讓牛肉直接在汁液中冷卻。冷卻之後切成薄片盛盤。

若將整塊煮好冷卻的牛肉直接放入密閉容器中，置於冰箱冷藏保存，七到十天味道都不會變。

10 惠姑

惠姑，我們都這樣叫她，但惠姑並不是我們的親姑姑。

在十幾二十年前，中文裡常以兄弟稱呼毫無血緣關係的人，感覺比血濃於水的親兄弟更加親近。也出現在《三國演義》的起始，劉備、關羽、張飛三人在桃園結義，也就是結拜為義兄弟。我小時候經常聽說某家某人與某某家某某人結拜。

父親的父親，也就是我的祖父，與過世的王家爺爺是發誓同生共死的結拜兄弟，至於兩人結拜為兄弟的機緣經過，長輩並沒說起過，但因為這樣，父親與王叔叔便是義堂兄弟，叔叔的夫人就是我們最喜歡的惠姑，我們家與王家的往來如同親戚。

惠姑家，當然也就是王叔叔家，是個大家庭。住著叔叔、惠姑夫妻，以及兒子媳婦、女兒女婿，以及尚未結婚的孩子們，家庭成員人數比我們家還多。我們去玩的時候很少見到王叔叔，但無論什麼時候去，惠姑總是熱情地歡迎我們，我們好喜歡她。

惠姑家和我們家安閑園一樣，都位於稍稍偏離台南市區的地方，也和安閑園一樣，是座從大門到建築中有著廣大前庭的大宅。

我家是由父親所建的房子，備有淋浴間、抽水馬桶，在中式住宅建築中採用了西式的生活樣式，而惠姑家是富麗堂皇的傳統老建築，對於身為孩子的我而言，烏黑粗大的柱子，或寢室裡無法搬動的大床是很稀奇的，不像是床，反而像是鋪著被褥的房子，連屋內的空氣都令人感到穩重威嚴。王家的建築依循中式傳統住宅樣式，面向前庭橫向伸出長長兩翼，正中央是佛堂，夾著佛堂而建的一整排房間幾乎左右對稱，中庭之後又有一進。

當時每戶人家幾乎都一樣，王家也是以家中庭院造景為豪，只要去玩，進屋前一定會先參觀庭院。我家的庭院是父親命人運來巨石，搭建人工瀑布，氣勢雄渾；相對的，王家的庭院可說是極盡精緻之能事。所種的樹木株株都宛如盆栽般精巧，枝葉都很講究，庭院裡的每一個區塊自成天地，形成一幅獨立完整的風景。形狀奇妙的小石環繞著水池，細看之下是一片無邊無際的大湖，湍急的細流最後形成青碧色的深潭，陶製的橋畔站著一個拄著枴杖的老人，似乎正要過橋。眼睛朝旁邊一看，只見村舍人家繫著一匹馬，還有三名武將。這些都是色彩鮮麗的陶製人偶，描繪的正是《三國演義》裡的一幕，可見王爺爺對《三國演義》的喜愛。一個小角落裡精采呈現出故事中的場景，又有深山幽谷、小橋人家，這座庭院可說是集天下勝景於一處。無論樹上的枝椏，還是樹下的草皮，都好像剛整理過似的，一顆沙子、一片落葉都沒有。

「剛剛才灑過水，濕濕亮亮的，很棒吧。這些花今天早上才剛開呢！妳們來得真是時候。」惠姑介紹庭院的聲音不由得響亮起來。母親帶著我們這些孩子和嫂嫂們一走進王家大門，「客人到」的聲音才響起，惠姑便跑也似地迎出來：「歡迎歡迎，妳們都來啦！今天天氣真好。大家都好嗎？來，來看看庭院。」說著牽起我的手就走。母親當然已經看過幾十遍了，但仍舊每次都連聲稱讚，我每次也都為新的發現驚嘆不已。

我們去拜訪王家時，有位美人會如影隨形地在惠姑身後出來，跟惠姑活力十足地聊天之後，她會簡單地向我們招呼幾句。惠姑身高約有一百七十公分，是當時台灣女性中罕見的高䠷女子，而這個人則和惠姑形成對比，嬌小而纖細，尤其是細細的頸項，穿起旗袍非常好看。

台灣式的傳統房舍中，祭祀祖先的佛壇前方便是待客之處，我們都是在正對庭院的佛堂喝茶，但大家在熱鬧的談話時，那位纖瘦的人不知不覺地消失了，到了用餐時才又一起出現在餐桌上。

「要叫小蘭姑。」母親這樣交代我們。除了「妳們好」「再見」的招呼和餐桌上的對話之外，這位不太開口的年輕姑姑，我們都叫她小蘭姑。小蘭姑則叫惠姑姊姊。

這個家佛堂右側的建築是惠姑的住處，左側則是小蘭姑的房間。隔著中庭的後進，是兒子、女兒們的房間，在惠姑家四處玩耍的我，有一天發現沒有叔叔的房間。

「姊，叔叔沒有房間嗎？那叔叔要睡哪裡？」

「妳不知道嗎？叔叔都是輪流住的。今晚睡這個姑姑這邊，明天就去睡那個姑姑那邊……」

姊姊一臉淘氣地在我耳邊低聲說。

「要是買了手提包給這個姑姑，也一定要買給那個姑姑。做衣服、買布料一定都要兩份一樣的……叔叔可是忙得不可開交呢！」

但是叔叔忙的，似乎不止是家裡的事。王叔叔是個出了名的花花公子，在外面還有好幾個女人。我聽說日本也一樣，那個時代在台灣，男人除了妻子，還擁有其他女性，被視為男人的本事。要是人數太多，妻子不高興、要丈夫節制點的事是有的，但男人絕不會因此而遭到責備。做妻子的只能忍氣吞聲，在家持家。

元氣十足、朝氣蓬勃的惠姑雖然總是一副開朗愉快的模樣，但她也會目送著小蘭姑退回自己房間時那裊娜的背影，嘆氣般地對母親說：「她也是有她調皮的地方，畢竟還年輕呀！在家裡待不住。料理、裁縫都不會，也難怪她，又沒有小孩，一定閒得發慌吧。可是外子又不喜歡她出門，實在頭痛。」

小蘭姑應該算是日本所說的藝妓吧，本來是在日本傳統高級餐廳料亭斟酒，為男客坐席的酒家女，是王叔叔為她贖身，把她帶回家的。儘管在外面有女人是男人的本事，但要妻妾同居，若非十分有錢是辦不到的。小小的家裡有兩位女主人，一發生衝突可就不得了了。要像王家有這麼大的房子，各自有服侍的女傭，房子也是一左一右分開來住，才能勉強維持平衡吧。頂多就是客人來訪時出來打聲招呼，用餐時同桌吃飯，其餘一整天幾乎都可以不必碰面。

但即使如此，惠姑對小蘭姑的用心仍非比尋常。凡是給自己的使女一點用舊的東西，一定也買全新的同樣東西給小蘭姑的使女。有人送什麼珍貴好吃的東西，一定請小蘭姑一起來喝茶享用。還要求其他傭人說話時要小心，儘管自己是正室，但一定也要叫小蘭姑夫人。在他們家裡，似乎是稱惠姑為大夫人，小蘭姑為小夫人。

「那是你們父親重要的人，絕對不可以怠慢。」

惠姑這樣勸孩子們，不但如此，還將年紀尚小的么兒過繼給她：

「妳沒有孩子，就把這孩子當妳的孩子吧。有妳疼，這孩子一定很高興。」

有一次惠姑曾私下對母親說，把小孩給小蘭姑當養子，讓她在家裡有地位，她心裡也很不好受，可她也是思前想後，最後才決定這麼做的。

小蘭姑一個人在家裡待不住，經常會到城裡去玩。

「偶爾也想去找朋友聊聊吧，可是她那些朋友以前也都是酒家女，又不能請來家裡……」

「是啊，那，今天也到城裡去了？」

「就是啊。可是她們啊，好像不像我們，不是邊做女紅邊聊天。」

「……」

「打麻將。聽說她們聚在一起就是打麻將。」

「可是，妳先生不是不喜歡她出門去玩嗎？」

「沒辦法，所以只好說今天是出去學洋裁了。」

小蘭姑把事情託給惠姑，自己出去玩。惠姑依小蘭姑方城之戰的戰友人數，做了便當派人送去。所謂男人的本事，造成了有如平衡玩具的結構，其中所維持的平衡多麼危險啊。王叔叔當時常因商出國。出國旅行時作伴的永遠都是小蘭姑。「妳還年輕，儘管去玩吧！我得看著這個家啊。」不過等他們回來，惠姑房間裡就會有成堆的禮物就是了。小蘭姑叫惠姑姊姊，每當花花公子王叔叔在外面有了新人，小蘭姑就會到惠姑房間哭訴。以姊妹相稱的兩個女人，為了一個男人的花心互相安慰。

「妳要忍著點。他就是那種人，看到了就忍不住不出手。可是那只是一時花心，一定很快就會回到妳身邊的。因為妳都好好待在家裡，他也才能放心在外面玩啊。那只是一時逢場作戲，妳不要太過擔心，要忍下來。」

被稱為姊姊的人把「我也在忍呀」這句話硬生生地吞下去，為妹妹擦乾眼淚。

有時從惠姑家回家的路上，母親會驀地裡喃喃說道：「好心酸呀。」無論是站在妻子的立場，還是站在妾的立場，母親都為她們感到心酸。住在台北的姊姊這陣子想起以前的事，常這麼說：「我真的覺得惠姑實在很了不起。叔叔那個樣子，一定傷透了惠姑的心，可是無論什麼時候，惠姑都那麼開朗有活力，從來不會愁眉不展。」去惠姑家玩，到了快吃午飯的時候，惠姑就會說：「來，差不多該吃飯了，妳們來幫忙吧！」

王家廚房和辛家廚房充滿了不同的活力。在這裡是由夫人帶頭指揮。我就是在這個廚房深深感覺到做菜會直接反應一個人的個性。嬌小清瘦的母親將大部分的事情交給廚師大水，只會在重要的地方仔細提點，做出深具技巧、纖細優雅的料理。母親所做的辛家味，整體而言味道清淡，發揮食材本身所具有的微妙滋味，高雅細膩。而惠姑所做的菜則截然不同。體格高大結實的惠姑動作又大又快，精力十足地三兩下便完成工作，做出豪邁的料理。大廚和助手們全都依照惠姑的指示行動：「好！把下一個拿過來。來，這個要炸，動作快。」以「來，上菜」的氣勢完成料理。我們看慣母親做菜，不禁覺得惠姑真是大膽至極的快手。

惠姑的拿手好菜，同時也是我最喜歡的，便是用醬油滷的切塊帶皮豬肉，以及炒淡竹筍。這兩道菜都是口味重、非常富有溫暖氣息的家常菜。

台灣的菜市場將鹽漬的淡竹筍堆成小山來賣。日本看到的淡竹筍相當細，但台灣的則大得多，很少生吃，都是醃成酸筍。走在菜市場裡，只要靠近賣酸筍的，它獨特的味道便撲鼻而來，馬上就知道有人在賣酸筍。炒淡竹筍是一道簡單樸素的料理，只是將鹽漬的竹筍和大蒜、蝦米一起拌炒而已，最重要的就看能不能買到好吃的酸筍。惠姑可說是挑酸筍的高手，買回來的酸筍總是又肥又嫩，醃得恰到好處。「下次一定要和惠姑一起上菜市場，學學怎麼挑。」說是這麼說，但母親在這方面似乎不怎麼拿手，我暗自認為，能做出好吃的淡竹筍料理非惠姑莫屬。

飯煮好了，惠姑就會叫人去請小蘭姑：「去請小夫人來吃飯，請她快點來，不然飯菜就涼了。」飯桌上，若王叔叔在家就由王叔叔坐主位，叔叔左右是惠姑和小蘭姑，然後是作客的我們和兒子媳婦、女兒女婿。王家這個大家庭，人數比我們家還多，於是為小孩子另外準備了一桌。在飯桌上，夫人必須一直關照每個人是不是吃得開心。我們客人就不用說了，惠姑不時勸叔叔和小蘭姑多吃菜，還說哪道菜好吃，為他們挾菜。「小夫人的湯好像冷了，去熱一下。孩子們怎麼樣？每道菜都要多吃一些，不能挑食哦。」然後以最開朗的笑聲、最愉快的話題營造用餐氣氛的，也是惠姑。

小蘭姑這時候簡直就像客人，在周遭熱鬧的會話中，露出如花綻放般的美麗微笑，一面附和，一面以纖細的手指靜靜地拿筷吃飯。即使家裡有第一夫人、第二夫人兩位太太，執掌全家的主婦畢竟只有一個。

惠姑大聲鼓勵領導傭人們，活力十足地完成家事，儘管忙碌，但惠姑是個一定會在空檔中尋找樂趣的人，為了讓自己快樂，也不辭勞苦。

王家引以為豪的庭園，若要認真打理起來，光想就夠累人了，但自從嫁到王家，惠姑就將此視為自己的樂趣了。在園丁的幫忙下，自己也每天細心照料，王家的庭園如今已經成為惠姑一手栽培的惠姑庭園了。

二十年前左右，惠姑來到東京，我曾經帶她到當時落成不久的新大谷飯店頂樓的大廳。那時王家的孩子都已長大成人，儘管王叔叔放蕩如昔，但惠姑已經有十分的自由可以到國外旅遊了。新大谷頂樓上的旋轉餐廳可以俯瞰東京市區，在當時是全世界少有的，我想來到這裡，即使是經常出國、見多識廣的人，也會覺得新奇才對。我們在那裡喝茶、品雞尾酒，但等我說差不多該走了吧，惠姑卻說：「再待一會兒吧。下次我就算出國，一定也是去別的國家，我想是不會再來日本了。我想多看看東京這美麗的街景，假如妳不趕時間，能不能多陪我一會兒？」

惠姑來東京的前後一、兩年，我曾經帶好幾位來自台灣、美國、加拿大的客人來這個旋轉餐廳，客人無不讚好，但沒有人像惠姑這樣由衷喜愛、一臉幸福地在這裡久坐。即使是小小的幸福，惠姑也能深深品味，因為有這份近乎才能的修養，儘管被放蕩的丈夫傷了心，也絕不憂鬱沮喪、發脾氣鬧彆扭，也才能享受兒孫繞膝的幸福晚年。

惠姑度過了八十八年的人生，在去世前二、三年，曾對台北的姊姊說：「別看我這樣子，我也是吃過很多苦的，雖然在妳們眼裡，惠姑總是笑口常開，很快樂的樣子。我啊，在該開心的時候就盡情地開心，把平日裡不開心的事情全部忘掉。一定是因為這樣，想大喊大叫的時候才能控制得住自己吧。」

惠姑熱愛京劇，經常和母親相約，到台南唯一上演京劇劇場的「大舞台」去看戲。平常上演的是名不見經傳的巡迴劇團，但一年中有幾次會有絕不容錯過的演員前來演出。這時候，惠姑會放下一切，場場報到，隨著劇情或者捧腹大笑，或者淚眼婆娑。想必是看著高潮迭起的戲劇，完全將自己投注在主角的心情之中，隨著他們或哭或笑吧。

有一年，惠姑要看的演員要來演出了，但不巧卻有一個孩子發燒。看京劇是從早到晚一整天的大工程。

「要去嗎？還是這次就算了？」母親擔心地問。

「怎麼能算了，我要去。把孩子也帶去，因為我不放心把孩子交給女傭照顧。我已經買好好幾張貴賓席的票了。藥、毛毯什麼的，我會全部帶好，做好萬全的準備，帶著孩子去。」

那天，惠姑讓女傭帶著如山般的行李來到「大舞台」，在劇場的座位上鋪好毛毯，讓生病的孩子躺好，或是抱在懷裡。按時餵孩子吃藥、喝保溫瓶裡準備好的茶和湯，按照自己想的讓自己盡情地欣賞京劇，再盡興地回家。

聽到這件事時，我只覺得惠姑有些胡搞，但後來我帶著幼子與丈夫分手，在無親無故的東京教烹飪為生，在一點餘錢也沒有的貧困之中，只要一聽到有義大利歌劇上演，想盡辦法也要去。我從小浸淫於西洋音樂、學習古典音樂，實在無法習慣京劇樂器的音色，但對於歌劇卻是毫無招架之力。幸運的是，我硬是設法買到票去看戲的日子，沒有發生孩子發燒的事情，但假如真的發燒了，恐怕我也會和惠姑一樣，用毯子將孩子裹著出門吧。當時看義大利歌劇對我來說，比什麼都重要。也許我就是從看歌劇那短短數小時的幸福中，獲得與孩子兩人在日本奮鬥的力量吧。

該忍的，毫無怨言地忍；該出力的，使勁出力；而該享受的時候，盡情地享受。為了克服困難，這些多麼重要啊！人生漫長，並非一時的忍耐便可熬過，愉快地發洩是不可或缺的重要因素——這是我從惠姑身上學到的。就像惠姑的料理大都屬於大刀闊斧的豪邁類型，如果有什麼事情對惠姑來說，是無論如何都不可或缺、可以讓自己快樂的，惠姑便會大膽、果敢地去爭取。

惠姑是個在好玩的丈夫背後守護大宅院的名門夫人，雖然也想稍微奢侈一下，卻又認為該節儉的地方絕不能浪費，是個傳統的家庭主婦。惠姑房間準備了加了香料的美麗薄廁紙和一般的廁紙（當時的廁紙泛黑粗糙，現在幾乎看不到了）兩種，或許便是節儉女人心的表現吧，現在想來不禁莞爾。

去惠姑家玩時，我說了聲「要借廁所」，就進了惠姑的寢室，惠姑便會跟在我身後，隔著門簾，對著進入大床旁廁所的我說話。惠姑的家是傳統的中式建築，寢室和洗手間都是傳統形式。寢室深處的大床做成固定的，大約有三張榻榻米大小，上面似乎有雕刻。床很大，足足可以睡上三、四個小孩，鋪著漂亮的鋪蓋。這種床不僅是晚上就寢用，也供內親女眷小憩，上了床伸長了腿聊天。放下薄絹床簾，就像一個獨立的房間，是個很舒服的地方。

大床旁，有一個掛有厚門簾的小房間，這是這個房間的專用洗手間。小房間裡放著一個木桶，就像西式的馬桶一樣，要坐在這上面如廁。桶子每天由女傭打掃好幾次，隨時保持清潔。洗淨後撒上除臭的香料，底部稍微留一點水。房間一角則有儲水的洗臉盆，供洗手之用，水裡也灑了香水。

我從出生就使用抽水馬桶，不習慣舊式的廁所，惠姑怕我不會用，總是萬般過意不去似地，在簾外陪著我，教我怎麼上廁所。

「要先把蓋子打開哦，旁邊有個放蓋子的地方吧？要把蓋子豎起來放。」

可能桶子底部有水形成蒸氣吧，蓋子上總是有水滴，一豎起來就稍微有水滴流下來。

「坐上去了嗎？那再來就和家裡一樣，沒問題的。」

年紀小的時候就算了，直到我上了高中、專科，惠姑還是這樣隔著門簾陪我如廁。因為她頻頻高門大嗓對我說話，我長大之後，在小房間裡羞得都要冒汗了。但惠姑不管：「那邊有廁紙對吧，妳要用的是右邊薄的那個哦。今天正好沒有粉紅色的，是白色的，很沒意思，不過妳就將就著用吧。」那香香的薄紙是專門給像我這樣的客人用的呢？還是有時候惠姑也會用，享受一下奢侈的感覺呢？

惠姑叨叨絮絮地要我別客氣，多用些好弄乾淨，而關於如廁後的清潔，母親也囉唆得幾乎到了神經質的地步。

在我家，女孩子到了會自己刷牙、洗臉、換衣服的時候，便會給她兩個小桶子。母親小時候和我上面的姊姊們，據說用的是木桶；到我的時候，用的則是琺瑯臉盆，上面有不同顏色的可愛花朵圖案。這兩個都是我專用的洗臉盆，一個用來洗臉，另一個是早晚，以及一日中數次，如廁之後用來清潔的。家裡的孩子是如此，就連新來幫忙的女孩，母親也一定會給她兩個專用的桶子，仔細叮嚀她隨時要保持自己的身體清潔，這對以後要生孩子的女性來說非常重要。更何況，保持清潔是最重要、最基本的禮儀。兩個桶子，洗臉的叫作面桶，洗下方的叫作腰桶。

入浴的習慣普遍流傳至民間，頂多也只是這一百年的事。以前無論多麼富裕的上流階級，每天洗澡也是難以想像的奢侈，台灣也一樣，尤其是中國大陸，很多地方水資源不足，要保持身體清潔委實不易。無論是在衛生上，還是在服裝儀容上，分開使用兩個水桶都是女孩子不可或缺的教養。

我家在當時是罕見的兼具浴室和淋浴設備的建築，不但每晚都可入浴，在炎熱的季節甚至可以一天沖好幾次澡，但即使如此，母親仍依照中國文化傳統的習慣，訓練女孩子使用兩個水桶，每次如廁後都要到浴室使用那個水桶。小時候一從廁所出來，母親便會說：「要洗乾淨。」或問：「洗乾淨了嗎？」有時候還會跟到身邊，親自教導我們如何仔細清洗。

「用蓮蓬頭就好了啊。」當我開始覺得好麻煩、母親很囉唆時，戰況已越演越烈，我們家也被疏散到鄉下。地點是父親朋友鄉下的舊房子。既沒有淋浴設備，也欠缺燃料，無法每天洗澡。我這才深深體會到兩個水桶的重要性，不需母親吩咐，也比之前更加仔細、用心地清洗。

這樣長大之後，奇怪的是，不用水桶，我就覺得渾身不對勁。我三十年前來到日本，首次購物時，在種種廚房用品當中，便有兩個顏色不同的塑膠製水桶。麻煩的是四、五年前，我因病兩度住院。之前即使是在旅途中，即使是發高燒身體不適，我每天睡前一定要用水桶洗淨，不這麼做就難過得睡不著覺。所幸，我住進了單人房，等護理師最後一次巡房後，我確定不會再有人進來了，便躡手躡腳地起床，利用保溫瓶的熱水來洗。

聽到這件事，住在台灣的姊妹們都一臉驚異：

「妳究竟是哪根筋不對呀？」

說現在早已是水龍頭一扭隨時會有熱水、家家戶戶都能淋浴的時代了，妳竟然還這麼做？

「就連生活在台灣的我們也老早忘了的事，在東京的妳竟然還守著以前的習慣，這該怎麼解釋？」

姊姊露出一臉不可思議的表情，身旁的妹妹便插嘴說道：

「東京的姊姊最近簡直就跟媽一模一樣。」

一副受不了我的樣子。最近我常覺得，自己在日本生活得越久，好像就越像台灣人，連我自己都感到奇怪。在台灣的手足和住在東京的日本人一樣，都漸漸變成「現代人」，與以前的台灣人和以前的日本人相比，共同點變多了，只有我一個人，依舊堅守著二十歲前在台灣的生活方式。海外生活越長久，我不由得越意識到自己是個台灣人。在漫長歲月中難免遇到種種事端，每當置身於無人可商量的境遇時，我便思索著這時候母親會怎麼做，然後一一加以克服。

「跟媽一模一樣」，妹妹這句話中多少有些不滿，從小我對活潑頑皮的妹妹說起話來不免有些說教的意味，因此妹妹這句話也包含著對我的抗議。回首過往，也許我是在不知不覺中，學習著母親和惠姑這些傳統台灣女性的身影走過這段歲月的吧。

「滷肉」的作法

這是到王家去玩時，惠姑經常為我們做的一道菜，也就是王家媽媽的味道。為了要去除肉中的油脂，現在人會先把肉炸過或蒸過一次，但這裡要告訴大家的，是從前惠姑的作法。

材料：帶皮豬五花肉一公斤　大蒜五～六個　醬油三分之二杯　酒三分之一杯　冰糖二十～三十公克　調味料

1 將五花肉切成五公分見方的方塊。

2 大蒜拍扁。

3 準備砂鍋，將所有材料放入鍋中，加水剛好蓋過豬肉，滷一、二個小時。

4 靜置一晚，撈除浮在上層的油脂，再次加熱後食用。

帶皮的豬肉，以皮純白乾淨者為佳，醬油最好用壺底油。味道意外地並不太鹹，可滷出可口的顏色。撈除的油脂不要丟棄，可用來炒菜。

靜置一晚，翌日味道透了便很好吃，每天都加熱，一連好幾天，滋味更加濃郁，特別可口。

11 大家庭的廚房

「你好，吃飽嗎[19]？」

「你好，天氣真好，吃飽嗎？」

走在路上，到處都可以聽到這樣的招呼聲。

以前的台南街上，無論是鐘錶行、花店、鞋店、乾貨店，每家店門口一定有一個人搬出椅子，看著來來往往的人，什麼也不做，只是坐著和鄰居聊天，招呼路過的人。

「吃飽嗎？吃過飯沒？」

「早」、「你好」之後，我們都習慣這麼問。這是一種非常吻合愛吃重吃的台灣人的問候，當然是形式上問問，絕不會因為對方說還沒就請客。然而造訪我家的客人當中，得意地笑著回答：「還沒呢，那真是多謝了，我就叨擾了。」這樣的人還不少。

19 編註：應與現在常說的「吃過飯了嗎？」、「吃飽了嗎？」或者台語「食飽未？」意思相同。

一整天出入我們家的人絡繹不絕，商店送貨的、洗衣的當然每天都會進廚房後門，但有些人因為來到附近就順道過來，有些朋友、遠親為了分送難得的禮物而來，有時是遠親、甚至遠親的遠親上門，有時連應該在國外的親戚也突然露面，每天都有許多客人。按規矩向這些客人問候：

「好久不見了，都還好嗎？」

之後順便問起：

「吃飽嗎？吃過飯沒？」

對方卻彷彿在等這句話似地，回答：

「哎呀，那真是多謝了，我就叨擾了。」

也不管午餐時間早已過去，或是晚餐早就收拾乾淨了。

台灣人是一個非常遵守用餐時間的民族，來到我們家的客人，應該也已經在該吃飯的時候吃過了才是，但還是有人一問就說還沒有。是不是早就盤算好，因為辛家以料理為豪，去了當然不能空手而回，我們不得而知。但一聽到這樣的回答，儘管覺得無奈，也只好吩咐廚房：「客人還沒吃飯，麻煩了。」現在回想起來實在很不可思議，因為我們家明明不是飯館，卻只聽到：「是，馬上好。」

若是兩、三人份的餐點，便立刻端上桌。不是餐廳的一般人家，任何時候都要做飯，廚房想必很辛苦，但我家卻不曾有過「不巧現在沒有東西」、「只有這點東西」的情形，白天是中飯，晚上是晚飯，總端得出該有的餐點。

我們家人對這樣的來客一一端出餐點招待，因此家中的傭人也是只要一見人，便問：「吃過飯沒？」請來到後門的朋友坐上廚房的餐桌。分明不是用餐時間，卻在造訪的人家吃飯，這種事情如今實在難以想像，但也許是以前台灣這樣的人家還不少吧，小時候我還以為無論客人何時上門，立刻端出餐點是理所當然的。

如前所述，我的烹飪不是在烹飪學校裡學的。絕大多數都是在訪客絡繹不絕的家中廚房，看著母親和傭人們烹煮，耳濡目染學會的。不知為何，我小時候是個喜歡觀察烹煮料理過程的孩子。如今回想起來，家中廚房留給我的寶物，遠勝於任何烹飪學校。

的確，上烹飪教室、文化中心學烹飪，能夠在短時間內學會技術。然而我總覺得料理（其他任何事情也一樣）有很重要的一點，是這些地方學不到的。看到付了錢給教室、文化中心就放心的人，我總覺得他們忘了最重要的事情。日本人這樣性急的人實在不少啊。

話題偏了。

幾年前，我有機會向飯店的大廚師們談中華料理，因而曾經走進希爾頓飯店的廚房。寬敞的廚房裡，大批穿著制服、戴著制服帽子的廚師工作模樣確實壯觀，但看到他們以水嘩啦啦地沖刷水泥地板時，我不禁恍然大悟，孩提時代家中廚房的情景歷歷在目。

我家廚房無論是地板還是牆，都貼了瓷磚，一天終了時，一定以水沖刷得乾乾淨淨。中華料理經常使用大量的油，廚房開伙一整天下來會累積不少油垢。晚飯收拾乾淨之後，傭人們當天最後的工作便是以磨砂粉刷洗牆上、地上的瓷磚，再以水沖刷乾淨。孩童們被趕上床的時候，廚房裡的女人們正忙著刷地板。聽說我小時候一定要去廚房說「晚安」，否則不睡覺。

廚房的大小大約十坪左右吧，牆邊有兩座貼著瓷磚的大柴爐，廚房四面是餐具架、櫥櫃，正中央是調理檯，尺寸也很驚人。厚厚的木製調理檯本身就是一張大砧板，也是可以在上面撒粉揉麵、做包子的擀麵檯。工作結束之後便整理乾淨，成為傭人們的餐桌。我從手搆不到調理檯的時候起，便會自己拖著椅子過來，打翻桌上的調味料呀，粉類的，忙著幫倒忙。即使如此，在我的幫忙還沒有變成搗蛋之前，大人也不會把我趕走。只有在炸東西或倒掉大量熱水時，大人才會擺出可怕的臉色對我說：「到旁邊去。」於是我才不甘不願地從椅子上滑下來，到廚房一角乖乖地看著。

兩座柴爐各有三口，可供六鍋同時開工。最角落的那一口架著大大的湯鍋，一整天都不熄火，以便隨時供應熱水。到了傍晚，六口爐同時燒得火紅，炒的炒，炸的炸，煮的煮，同時烹調湯、飯，在濛濛蒸氣中油鍋嗞嗞響，鍋蓋卡嗒卡嗒叫，整個廚房宛如一個活生生的生物，活力十足。

我們家固定六點開飯，四點半便要開始準備。水槽裡洗著成堆的蔬菜，依菜色分別切切燙燙，該準備的都準備好之後，母親和嫂嫂們便會進廚房。母親仔細叮嚀工作中的女人們，視察整體進行的狀況，在關鍵之處親自下手。當然，也有完全由大廚一手包辦的菜色，也有嫂嫂們的拿手菜。為了讓嫂嫂們傳承下去，母親也經常故意不出手，但最後的成果，都要母親點頭才算數。

調理進入最後關頭，廚房便會升起一股緊張感。就連在大人之間晃來晃去的我也會頓時停下來，看著母親嚐味道。母親有時也會拿小碟子讓我嚐，問我意見，這時候我便會挺直背脊，豎起耳朵，將全身的精神集中起來。

日本有「媽媽的味道」這個說法，並且認為這在孩子的心理成長中扮演了重要的角色，但對於喜愛料理、讓我們吃過各種東西的母親，我很難舉出有哪一道是母親的菜。我思索著哪一道對我來說才是母親的味道時，興起了問問自己兒子的念頭。

「對你來說，媽媽的味道是什麼？」

「唔唔唔……」漫長的沉默之後，「應該是那個吧……」幾個月之後再問：「應該是這個吧……」他說出的是截然不同的兩道菜。我逼問他究竟是哪一道，他的理由

辛永清與媽媽攝於安閑園，當時辛永清已結婚，正在等待簽證辦妥後赴日。

是：「因為吃太多了，沒有特定哪一道啊。」不過他説，在我擔任外出教學工作的那段期間，曾經一整個月都做同樣一道菜，我根本早已忘記這件事，他卻在這意想不到的時候報了一箭之仇：「那個我就真的沒辦法喜歡了。」一直讓孩子吃同一種東西，那也不會成為媽媽的味道，我母親傳承給我的味道，是母親所做的每一道料理風味底部所串流的基調，那對我來説就是媽媽的味道，同時也是代代相傳的辛家的味道吧。

不過，母親的確有一道別家絕對吃不到的獨門料理。那就是鳳梨豬皮。在我家，這道菜也是母親的重頭戲，除了母親，沒人會做。先將豬皮曬到乾透再炸，若炸得好，便會膨脹為原來的三倍。把這樣的豬皮再拿來慢慢熬煮，就會變得又軟又綿，若要問我像什麼，有些難以回答，但那道菜就是用這軟綿綿的豬皮和鳳梨一起燴炒的料理。大都是做成糖醋口味，偶爾也會做成咖哩口味。若是以「只有母親才會做」的意思而言，也許這可以說是我媽媽的味道吧。

我小時候沒有瓦斯，到了十歲左右，就會有樣學樣地劈柴。我將堆放在倉庫屋簷下的原木，劈成粗細相當的木柴，從引火的細小木條，到粗的、中的都有。乾淨利落的劈柴技巧，是掌管一家的主婦必須學會的重要工作，我們小時候也經常看見母親劈柴。嬌小的母親雙手纖細，但一掄起柴刀，後院裡便響起磅、磅的清脆聲響。戰時疏散地人手不足，母親每天劈柴，有一天，木片亂飛，砸壞了母親戴在腕上的玉鐲。那只玉鐲是母親十六歲當天收到的成人禮，從來不曾拿下，形同護身符。玉鐲雖然斷了，但母親毫髮無傷，可說是玉鐲充分盡到了護身的職責，但再怎麼說，那只玉鐲很昂貴，我覺得有些可惜。戰爭結束後我們回到城裡，過了一陣子，母親手上又戴起翠綠的手鐲。原先斷掉的地方以金子銜接起來，形成一只美麗的手鐲，彷彿原本就刻意如此設計一般。母親戴著手鐲的那雙手，依舊劈著柴。

廚房裡除了燒柴的爐灶，還有好幾個小火爐，用來烹調需要以炭火長時間燉煮的料理，或是量極少的料理。燒剩的炭會放入熄火罐中。曾燒過一次的炭容易引火，只要有這個，翌日生火就非常輕鬆。

現在有了自動點火的瓦斯爐，只要一扭就有火，以前每天生火的辛苦彷彿做夢一般，天還沒亮就蹲在廚房爐灶前，女人們以木屑當火種呼呼吹氣的身影，真令人懷念。有時候火一下子便旺了，有時候只會猛冒煙，點不著火。尤其是台灣也有雨季，到了雨季，柴、炭潮濕，生火更是難上加難。

自動點火固然方便，但一旦這個裝置故障，生長於現代的孩子們，據說連用火柴點燃瓦斯爐都不會。我本以為是笑話，但我所教的小姐當中真有這樣的人，情況似乎有些嚴重。儘管不會點火柴的千金小姐是特例，但中華料理當中既有豪邁的菜色需要熊熊的大火處理，也有些蒸的菜色需要微妙的火候調控。在一個瓦斯鈕就能隨心所欲地調節火力大小的時代，說起過去被嚴格要求如何做火種、如何擺柴火的往事，恐怕也沒有人能體會吧。生活在公寓裡，少不了這種現代的便利，但一方面，望著燃燒火苗時的幸福，被交代要顧火的日子，被燻得火熱的臉頰，偶爾也會從遙遠的記憶深處甦醒。

在我老家的廚房裡，由大廚大水擔任母親的左右手，帶頭指揮眾人。家中傭人多半是住在家中，或是在庭院中築屋而居，但只有大水是通勤上班，每天早上七點左右由家中前來。早飯前一晚已經規畫好，由廚房裡的女人準備即可，母親用過早飯，便搭乘人力車或轎車，視當天的交通工具，由車夫或司機陪同前往菜市場。上菜市場買菜，是每戶人家主婦的一大工作，每天一定由母親以及後來承接母親棒子的嫂嫂出門採買。台南市的菜市場在台灣也是首屈一指，海鮮、蔬菜、水果都很豐富，一手包辦了愛吃的台南市民的胃，充滿了活力。一想起故鄉的菜市場，至今我仍感到興奮不已。

除非有特別的客人，否則幾乎不必為每天的菜色發愁。只要走在菜市場裡，當天撈捕的活跳鮮魚、現摘的青菜，似乎都在呼喊著吃我吃我。只要以當天菜市場上最閃閃發光的材料直接烹煮上桌即可。學校放假的日子，我一定跟在母親後頭上菜市場。小心選材，大膽殺價，沒有別的事情像上菜市場買東西那麼有趣了。偶爾回鄉，只要一步入菜市場，我便熱血沸騰，還會被同行的姊姊警告呢。

同行的車夫或司機雙手提著滿滿兩籃的東西，一回來，母親便把買回來的東西攤在廚房的大桌上，與大水討論詳細的菜單。大水跟隨母親多年，深知母親的喜好，會提出運用材料原味又富於變化的菜色，兩人的意見大都不謀而合。

早在我出生之前，大水便已在我家工作很久了，等我懂事的時候，大水已經變成老爺爺了，雖然又胖又壯，但紅通通的臉總是笑咪咪的。大水的手臂非常粗，他用起沉重的中式炒鍋來輕鬆自如。我家鍋子直徑恐怕有六十公分吧。我現在在自家廚房裡用的是直徑四十二公分的，是在家上人數少的烹飪課使用的，大約可以烹調十四、五人份的料理。我長大的家，也和台灣其他地方的人一樣，都是人口繁多的大家族，家人加上傭人，以及不知該說是寄居還是食客、總是在家居停的客人，用餐的人數不下三十人。但是，等我開始進廚房的時候，大家族也稍微調整過了，原本同住的三個哥哥中的兩位，帶著家人、孩子於安閑園中另行居住。即使如此，父母、我、妹妹、哥哥、嫂嫂和他們的孩子，再加上傭人與不速之客，每餐總是要準備二十人份的飯菜。因此鍋、盆類全都是大型的。

「危險哦，讓一讓。」小時候，好奇心強的我在廚房中到處探險，不小心太靠近熱鍋，大水便會把我抱起來，放在安全的地方，但會給我菜屑，或是一團麵糰，滿足我幼小的探險精神。廚房對我來說，是全家最有趣、最好玩的地方，大家屢屢嫌我礙事要我走開，但每次我還是不死心地鑽進去，熱烈要求：「讓我幫忙啦，好不好？讓我幫忙啦。」

收拾好中飯到準備晚飯期間，有一小段空檔，大水常說故事給我聽。一開始會說不同的故事，但因為我太常央求他說了，到最後總是說同一個傻女婿的故事。

「很久很久以前，有一個傻女婿，他老婆人長得漂亮，又非常聰明。」

有一次，親戚齊聚一堂，不懂得吃飯規矩的女婿這下可糟了。媳婦發揮她的聰明才智，在女婿的腳上綁了一條繩子。拉繩子就表示可以吃，沒有拉繩子給暗號，就表示不能吃。

「結果女婿按照老婆的暗號，吃得很有規矩。大家都很驚訝，那個傻女婿娶了老婆，竟然變聰明了。這時候，有一隻雞闖了進來。」

雞被繩子絆住了，大跳大鬧，於是傻女婿大吃大喝忙得不得了。嘴裡塞得滿滿的，塞不下了，便裝進口袋裡，七手八腳，亂成一團。同樣的故事我每天聽也聽不膩。

大水親切、隨和，力氣又大，不過好像有點膽小。這是大水太太來我家跟我母親說的。大水和太太兩人住在一間小房子裡，有一晚來了小偷。小偷要偷的不是屋裡的東西，而是屋外結實纍纍的絲瓜。大水太太因為可疑的聲響而醒來。「你去看看。」往旁邊的床一看，大水大大的身軀縮得小小的，拿毛毯蒙住頭，正渾身發抖。「我家那口子真是沒用。」大水太太直嘆氣，說小偷偷走了好幾條正當令、一看便令人垂涎欲滴的絲瓜。我家院子裡也有一架很大的絲瓜棚，四月末了便有絲瓜上桌，但大水家的絲瓜據說是特別好。小偷白天便已經來偵察過，夜裡把最好的都偷走了，讓大水太太好生氣惱。

說到絲瓜，在日本頂多只會想到絲瓜水，或是洗澡時用來刷背的絲瓜絡，但在我的故國，絲瓜可堂堂是種蔬菜食材。在許多瓜中留下幾條放到秋天，自然可以用來刷背，但食用的絲瓜叫作「菜瓜」，趁四、五月還嫩的時候摘來吃。絲瓜摘採的時間要挑得精準，要是稍晚，就會變得老而多筋。長長的果實下所結的黃花看似將掉未掉時，只要綠色的外皮出現些微的變化，就要趕緊摘下來。

將去了皮切成薄片的絲瓜泡在大量水中。因為絲瓜的澀味雖然不如茄子那麼重，但或多或少還是有。耐心地將絲瓜炒軟之後，便形成一道高雅的美食，可能是我聯想到絲瓜水吧，總覺得這是道美容料理。無論是烹調的時候還是吃的時候，母親常這麼說：「吃了皮膚會變漂亮哦。」

用新鮮的小蝦或是蝦米，加上大蒜末、豬肉絲炒香之後，放入絲瓜，耐心慢慢炒。絲瓜味道非常纖細，搭配的材料味道也不要太重。用一點鹽和一點酒調味即可，等白色透明的絲瓜香滑軟嫩地起鍋，就是一道初夏的季節之味。把這道「炒菜瓜」加在快煮好的粥裡，便是「菜瓜粥」。最適合給孩子、老人及病人食用，在「炒菜瓜」的淡鹽味中加上些許胡椒或麻油，不僅易於消化，連食欲不振的人也會意外地胃口大開。在台灣，這是道常見也備受喜愛的料理，以前是宣告夏天來臨的季節性料理，但現在四處可見溫室栽培的絲瓜，一整年都吃得到。

最近雖然變少了，但在日本，到了夏天，許多人家的庭院都架起綠油油的絲瓜棚。

每當看到好幾條掛在架上的絲瓜，我都覺得不可思議，為什麼日本不吃絲瓜呢？最近日本人的飲食生活也急速擴展，但至今說到絲瓜，卻只有浴用刷的印象，一聽到台灣吃絲瓜，便一臉奇怪。就連大型超市的中華料理蔬菜賣場也都還沒出現過，是不是該引進了呢？這種可口的蔬菜沒有怪味，清甜的味道符合日本人的喜好，只要吃過一次，保證一定會喜歡。

不光是絲瓜，台灣的食用瓜類非常豐富，其中的苦瓜日本本來沒有，現在卻已經在日本的蔬菜賣場取得了公民權。而這也僅限於醋味涼拌、清燙而已，苦瓜真正的美味尚未廣為人知，實在可惜。只不過美中不足的是，目前菜市場買得到的，好像只有沖繩一帶送上來的苦瓜，與我故鄉的苦瓜略有不同。

苦瓜料理的種類非常多，但幾乎每一種都相當耗時。經過長時間慢慢加熱，才能夠充分釋放出苦瓜的鮮味。苦瓜正如其名，是一種具有苦味的蔬菜，無論要做成什麼料理，都要從汆燙去除苦味開始。

「蝦米苦瓜」是將蝦漿填在苦瓜裡蒸煮的料理。將苦瓜剖半汆燙，挖除瓜瓤。填入加有香姑、蛋、太白粉的蝦漿，蒸一個小時。凹凸不平的苦瓜形狀有趣，內餡顏色鮮麗，是一道賞心悅目的料理。若是沒有好蝦子，可以用瘦絞肉來代替。使用絞肉時，要加入蔥末以去除肉腥味。這在苦瓜料理中是屬於清淡高雅的；濃郁醇厚的代表，則是將苦瓜用排骨、豆豉燉煮而成的「排骨苦瓜」，凡是吃過的人無不上癮。

豆豉類似日本的浜納豆或大德寺納豆，經常作為炒、煮魚、肉時的調味料。由於豆豉會不斷釋出類似醬油的味道，尤其適合用來做長時間燉煮的料理。排骨先炸過，與豆豉和切成大塊的苦瓜煮上整整一個小時。只要有豆豉的鮮味就夠了，不需要其他調味料。假使這樣還嫌不夠，頂多是在最後滴上幾滴醬油。可以煮到苦瓜幾乎快化了，若想保留完整的形狀，可以先煮排骨就好。

有一次電視台指定我介紹使用電子爐、適於慢燉的料理，我便使用沖繩產的苦瓜做了這道菜。我的舌頭雖然想說其實應該要更好吃的，但試吃的工作人員似乎人人醉心於這種頭一次品嚐的味道。從此之後，當時的製作人只要看到我，便連聲喊苦瓜、苦瓜。

孩提時代，平常晚飯餐桌上大致都會有七到八道菜。我家的餐點並不特別追求美味、珍奇，而是妻子、母親希望家人健康，以當令的蔬菜、魚肉所料理的家常味，我認為其實是非常樸實的餐桌。我們家人的體質沒有堪稱為酒豪的嗜酒之人，也沒有喝餐前酒的習慣，父親、哥哥也只是在用餐時喝個兩、三杯老酒而已。餐桌上每天不可或缺的是青菜，一定會有兩種，分別是柔軟的葉菜類和纖維稍硬的，一共兩道。也少不了一道豆腐或豆類所做的菜。

依照現在的營養學觀點，常說人們一天應該吃三十種食品，但以目前日本家庭的現況，要實行並不是一件容易的事。像以前我家那樣的大家族，料理的品項不得不多，一頓飯便用上三十種食品也並非不可能。吃中菜的習慣是，將菜餚以大盤盛裝，再各自以小碟分食，無論哪一道，都要視同桌的人數平均取用才符合禮儀。不能因為喜歡吃某一道菜便一個人大量取用，使其他人沒有得吃，不喜歡吃的也不能完全不吃，因此三十種食品幾乎都會進入每個家人的嘴裡。在這樣的飲食環境裡長大的孩子幾乎不會偏食，能夠自然養成均衡飲食的習慣。

但現今日本的家庭人口少了，廚房也沒有人手。一餐要準備好幾道菜恐怕有些困難。因為品項少，不免就會專做家人愛吃的。

現在，為了吃將近三十種不同的食物，我會設計兩天份的菜單。因為我與兒子兩人一起生活，再怎麼想，都不可能在一天內吃到三十種，而且我也認為硬逼自己吃絕非好事。我最近才發現到，在不知不覺中平均吃下各式各樣的食物，也許是大家庭生活的一項優點。

從老人家到小孩子，一大家子圍著餐桌吃飯，不但是段愉快的飲食時光，同時也是讓孩子們學習餐桌禮儀和細心周到的地方。從大盤中取食時，估量適當的取用量是一定要的，在家長就座之前不能動筷子，不能讓餐具碰撞出聲，這些都是各國通用的禮儀，但我們特別認為歡樂的用餐不能沒有歡樂的對話。在享受餐點的同時，也享受聊天。用餐的時間自然就會拉得很長。

孩子們在這段期間，先從學習乖乖坐著開始，再學習傾聽別人說話，合宜的應對，自己也要用心提供一、兩個愉快的話題。要隨時注意聆聽整桌的話題，卻也不能因此而疏忽了用餐。自己該吃的菜餚要確實地吃，同時參與餐桌上的談話，這也是從小訓練自然而然便學會的。

尤其是女孩子，要學的就更多了。要從各個層面關心同桌吃飯的人、桌上的菜餚，而在我們家，更不能忘記關心廚房裡的人。

「幫奶奶挾菜。」

「問爸爸要不要再添飯。」

「要勸客人多吃菜呀，問問他們要不要再來一點？」

一開始是在母親小聲敦促之下站起來，以生澀的手感為大家分菜，幾次下來，不用母親交代，自然而然就會去做。菜餚夠不夠？該不該請廚房重新熱湯？是不是有吃完該撤的空盤子？很多地方都必須隨時注意。

在我們家，母親訂了規矩，餐桌上的事情不勞煩傭人，而是由家人自己動手。有不少人家由女傭站在旁邊服侍用餐，但母親堅決要維持這個習慣。傭人們幫忙把菜送到飯廳入口，接下來飯廳裡的事情就是我們的工作了。換髒盤子、加湯，都是在廚房和飯廳的交界處交接。我們不但要負責這些工作，同時自己也要好好吃飯，參與對話，因此辛家的女兒是不能發呆的。女孩子終究會成為家庭主婦，屆時什麼都不會可不成。出生於富裕家庭，和養出一個什麼都不給做的公主，是截然不同的兩回事。母親常對我們這麼說：「假如人類的腦袋裡有十根神經，要當個好主婦，妳們就得用上十二根來注意周遭的事物。」而母親自己的腦袋裡，恐怕有兩倍的神經在運作吧。

我們在餐桌上最後要注意的是傭人們的餐點。我們家的習慣和當時大多數人家不同，在我們家，家人和傭人都吃同樣的菜餚。照日式的說法，便是**吃同一鍋飯**。但是，傭人們是在家人用餐結束之後才吃飯。當然無論是哪一道料理，做的分量都是足夠的。只是有時候不免會有出入，令人擔心。我們用餐時，不僅要注意餐桌上大碗裡的湯量，也要考慮廚房鍋裡剩下的湯量。偶爾吃炸的，或是好幾條大尾魚一起上桌的料理，請廚房添菜時莫名就會有某種直覺。

「啊，剩的應該不多了。」

「全部好像就這些了。」

姊妹們避開餐桌上的其他成員，私下互使眼色，留下廚房傭人們的份。

等家人用餐完畢，廚房傭人才開始吃飯。他們一群人聊著這天發生的事，熱熱鬧鬧地用餐，這也是一幅非常愉快的情景。我想大概沒有安安靜靜默不作聲吃飯的華人吧。

有時候他們快吃完飯時，突然有客人來訪。

「歡迎歡迎，吃過飯了嗎？」

「其實還沒有，不過都已經這麼晚了，請別費心。」

哪裡的話，在辛家是不能冷落一個沒吃飯的人的。但是，今晚真的沒問題嗎？存放剩菜的菜櫥裡還有東西嗎……？

然而，廚房裡的所有人立刻站起來，生起爐裡的餘火，接著便飄出陣陣香味。也不知是從哪裡湊出來的，仍舊端出了一套有好幾道菜的完整餐點。

「我們家的廚師是不是在我出生之前去學過魔法啊？」

我在心中暗自咕噥。

「什錦滷蛋」的作法

這是放入許多水煮蛋一起滷的菜餚，營養豐富，淋在白飯上拌來吃。母親經常以此作為中飯，或是給放學回家的孩子當作點心。

材料：豬絞肉一公斤　雞腿肉兩片　蛋七～八顆　蔥一根　乾香菇五～六朵　醬油醃大蒜二個　酒半杯　醬油一杯半　味醂少許　泡開乾香菇的湯汁和水

1 雞腿肉抹鹽，切成一口大小，醃半天後燙過。

2 蛋煮熟，去殼。

3 蔥、醃大蒜切碎。乾香菇以溫水泡開，切成大方塊，泡過的水留著別丟。

4 以中式炒鍋熱油，爆蔥，直至呈金黃色。加入絞肉、乾香菇，炒熟。

5 準備厚湯鍋，將炒好的料鋪在鍋底約二～三公分，將蛋放入鍋中，並放入雞肉、切碎的大蒜。

6 平鋪上剩餘的炒料，加入酒、醬油、味醂，倒入泡香菇的湯汁和水，淹過鍋裡的東西。

7 沸騰後撈除浮渣，滾十分鐘後熄火。

8 待冷卻之後，撈除浮在上層的油，再加熱十～十二分鐘，冷卻之後去除油脂。這個程序重複數次，前後共慢慢燉煮一個小時。

台南的菜市場有很多吃得到這種滷菜的攤販，近午時，便擠滿了附近工作的人。其中還有為了吃這個而請司機開黑頭車來的人，所以坐在板凳上扒飯吃的人真的是各行各業都有。而吃完飯之後，到隔壁的水果店買水果，店家不但會幫忙切開還出借湯匙，所以一樣是站在店門口吃。

在家裡，母親會大量製作（這道菜量太少做出來好像不好吃），一天加熱幾次，可連吃兩、三天當點心。孩子們愛吃滷成茶色的蛋，還會比誰吃了幾個，大家搶著吃。

12 紅桃姑的素齋

「聽說這次的客人很懂得吃，要怎麼請客呢？要不要請紅桃姑來做素齋？」

母親有事商量，父親聽的時候，總是一副妳覺得好就好的樣子，但這時候突然「哦？然後呢？」開始專心應答。接待眾多賓客的任務，平常都是交由母親全權處理，但一提到紅桃姑的素齋，父親便嗯嗯連聲點頭，愉快地參與話題。素齋的精髓正在於其纖細微妙的味道，不是真正懂得味道的人，不值得以素齋招待。

「若要辦素齋，我明天就得打電話去商量菜色。」

「不，菜色交給紅桃姑決定比較好吧，當然是要這個時節當令的食材，但有時候也得看她手邊有什麼乾貨。」

父親篤信神佛，自己本身也是終年吃早齋，與寺廟素有深交，對素齋也有獨到的見解，等閒不肯贊許，但唯獨對紅桃姑做的料理與她的為人，父親常說他不得不佩服。

我們也隨著父親、母親，經常前往和尚主持的法華寺，和紅桃姑所在的尼庵，但紅桃姑並不是剃度的尼僧，而是帶髮修行、服裝樸素的俗家女子。

台灣的尼庵除了剃度的尼僧之外，也住著幾位像紅桃姑這樣的女人，種花做菜做女紅，做自己喜歡的事過日子，同時也幫忙寺方接待前來參拜的俗家信眾。這些人跟尼僧不住在一起，而是住在另一幢建築，一人一室，身上的裝束雖然簡樸，但房間裡的用品則非常氣派，生活不華麗，卻雅致有格調，看得出她們並不是因為貧困而投靠寺方。

「等妳們長大以後，我也想到寺裡去。等我年紀大了，一定要去。」

有時候母親會把年紀還小的我和妹妹放在一旁這麼說，每次哥哥們都會責備母親：「媽，妳說這是什麼話！」被稱為「姑」的女人以上了年紀的人居多，但其中也有年輕人。因此我想去那裡的人絕非純粹為了養老而去，多半是有什麼原因而想逃離世俗，或是親人不多但存了不少錢的人吧。也許是失戀的姑娘看破塵世，而那個時代，一般女性不想結婚會遭遇許多障礙，因此像紅桃姑這樣想專心鑽研料理的人，那裡也許是最適合的地方。寺裡很安靜，總是姹紫嫣紅地開滿了花，尼僧們也好，避世而居的女性們也好，每個人都舉止嫻靜，確實如母親所說，是個令人安心的地方。我自己也非常喜歡寺廟，因此能瞭解長久以來照顧一大家子的母親，希望於孩子們平安長大後在那裡度過餘生的心情。但另一方面，雖與哥哥「明明有三個兒子，怎能將母親送進廟裡」的心情不同，我還是強烈地認定那不是母親該去的地方。或許是在我年幼的心裡，從乍看與一般人無異的「姑」們平穩的表情中，仍感覺到孤獨若有似無的影子吧。每當母親提起要進廟裡，我便在內心暗叫媽媽不要去，而緊挨在母親身邊。

紅桃姑在我出生很久之前，便已出入我家。在我懂事時，她究竟有多大歲數呢？年紀應該是不小了，但從沒有一絲脂粉氣，一張素淨的臉總是紅光滿面，嘴唇、臉頰也像搽了胭脂般紅潤。紅桃姑明明已經不年輕了，卻令人感覺非常年輕，她究竟是四十多歲，還是五十多歲、六十多歲呢？直到今天我還是不知道。素齋一概不用動物性食品，適不適合似乎是看各人體質，寺裡的人雖然不見得每個人都氣色紅潤，但紅桃姑號稱精通素齋料理的精髓，她吃進去的所有東西，想必也成了讓她超越年齡的青春之源吧。

在台灣，佛教寺廟無論是哪個宗派，三餐必定遵守茹素齋戒，因此素齋材料之豐富與調理技術之精鍊委實驚人。即使如此，還是聽說有修行中的年輕和尚受不了口腹之欲，背著前輩們半夜偷溜到城裡的事。台灣人說故事最喜歡加油添醋，所以真相如何我也不敢說，但有一道菜每次吃的時候，想起菜名的由來便覺得有趣，那就是「佛跳牆」。別因「佛」字便以為是素菜，可差得遠了，這道菜是雜燴料理的一種，加了腥中之腥的豬內臟。「佛跳牆」便是佛跳過了牆，據說就是和尚爬牆到城裡去吃的料理。和尚半夜到城裡的餐館，又不能慢慢吃，便叫店家把好吃的東西全部和成一盤。魚翅、豬肚、雞肉，還有竹筍、香菇、白菜等蔬菜，燴成濃郁奢華的一道菜，無論是哪個發育中的胃，保證都會大為滿足。

請客當天中午才過，紅桃姑便將所有料理材料、調理用具等塞進迎接的車子，帶著二、三名助手抵達。就連鹽、砂糖等調味料也一項不漏。尤其是油，更是極品中的極品，因為素齋不用任何動物性蛋白，因此對麻油以及其他的植物油相當講究，用的都是精選的好油。助手有像紅桃姑一樣帶髮修行的人，也有剃度的尼姑，都是跟著紅桃姑學做菜的人。迎接紅桃姑的這一天，我家廚房比平常更加用心清洗，每個角落都亮晶晶的。尤其是鍋、釜、餐具類，更是必須一點髒污都沒有。就紅桃姑而言，她大概不想用俗人碰過的任何東西吧，但又不能將大鍋、大釜、餐具一併搬來，因此只好使用俗家的東西。平日這些用具都是用來調理、盛裝動物性、有腥味的東西，因此前一晚廚房的女人們便專心刷洗到很晚，務求潔淨，不帶一絲塵世煩惱。由大廚起，在廚房工作的人今天都休息一天，遠遠看著紅桃姑和助手們工作。廚師大水有時會上前發問，紅桃姑雖然不厭其煩地回答，但絕不要大水插手，我們只是懷著敬畏之念望著勤快工作的尼姑們。

紅桃姑雖然絕非美人之屬，但頭髮乾乾淨淨地盤起來，眼神活力洋溢，穿著灰色或青色，有時是黑色的簡樸傳統服裝，腰上圍著代替圍裙的一大塊布，看著她工作，就好像在看舞台上表演的人，美得令人不由得看得出神。她平時溫柔平和，然而一旦開始做菜，一看便知她身上神經根根緊繃，手藝之巧、盛盤之美，在在令人嘆為觀止，基於製作美食的徹底信念，她律己甚嚴，對弟子也十分嚴厲。要是稍微出手可能犯錯，好像立刻就會挨罵，因此我們都不敢隨便靠近。平常總是笑咪咪的，和誰都親切聊天的大水，這天神情特別嚴肅，向紅桃姑請教時用的言語也非常恭敬。

紅桃姑坐的車一到，尼僧們將車上所載的物品搬進廚房期間，紅桃姑便下車逕至佛堂，首先向佛壇禮拜。得知紅桃姑到達，父親也從書房前往佛堂，兩人在此互相問候。父親說很高興能邀得紅桃姑這樣的名人，紅桃姑也說獲得邀請不勝榮幸，彼此謙讓一番。然後紅桃姑總是會帶些伴手禮讓父親驚喜，禮物多半是紅桃姑親手做的保存食品，其中父親最喜歡的是海苔香鬆。那是將生海苔曬乾後，以酒、麻油、醬油、砂糖調味，再次曬乾，然後用油慢慢炸到酥脆，揉碎之後裝入罐中。紅桃姑會說，她做了這樣的東西，做出來的成品非常好吃，所以帶來送給父親，父親便高興得滿臉是笑。工作結束後，臨走前，紅桃姑也會到佛堂，再次向神佛虔敬禮拜。然後收下材料費等實支費用以及謝禮，返回寺中。

素齋一概不用動物性的東西，蔥、蒜等據說神佛不喜歡的味道也不用，整套菜從前菜到甜點要讓人吃不膩，菜色必須富於變化，要提供這樣的菜餚，必須要有精選的材料與高超的調理技術。以蔬菜、菇蕈、大豆製品、海藻類為主材料，彼時當令的蔬菜自然不能錯過，而備有多少精選的乾貨更是重點。紅桃姑所帶來的乾香菇和昆布，都是質純肉厚，一般市面上看不到的，可見得光是收集材料，她便投注了不少心力。而紅桃姑運用這些材料做出美味料理的技術，我個人認為在數不清的世界料理當中也是一流的。

一窺素齋的世界，最令人驚訝的是大豆蛋白運用的範圍之廣。有豆腐乳、南乳、醬豆腐等豆乳類，豆腐、豆皮的種類之豐富，即便我們台灣人也為之咋舌。在豆腐中加入大豆、麴、鹽加以發酵而成的豆乳，用的若是名為紅糟的麴，做出來則是紅色的，像這樣依不同的醃漬調味料便可製成各種豆乳，而豆腐類有柔嫩的豆腐，也有壓縮豆腐製成的豆乾。尤其是豆皮，在多數場合都擔任素齋的主菜，不僅有日本京湯葉那樣薄片狀的、製成丸狀的丸湯葉，也有厚實的，稱為腐皮。還有加入種種辛香料，味道和口感都堪稱素火腿的豆皮。將好幾張腐皮疊在一起，做成雞或鴨的形狀，或是仿製鰻魚塊、素魚翅，在精心調味下，無論外表、味道或口感，都和真正的鴨肉、鰻魚、魚翅不相上下。

豆皮做的魚翅令人驚嘆，但菇蕈仿魚翅也非常可口。紅桃姑上山採集了香菇、金針菇、草菇、鴻禧菇等許多菇類，仿魚翅羹做成雜菇素菜湯。各種菇蕈混合成複雜的味道，美味直逼魚翅，其中大量使用了無論外表或口感都與魚翅近似的金針菇。

如今台灣已有專門賣素齋的素齋餐廳，台北附近的寺廟也有不少已經非常觀光化了，隨時都吃得到素齋，簡直就像餐廳一樣。但在我的孩提時代，寺廟裡純正的素齋可不是隨時想吃就能吃得到的。只能像我家這樣，為了招待客人極盡禮數時，偶爾請紅桃姑來掌廚，再不然就只能等寺廟的開山祖師誕辰或是什麼節日，再去進香吃齋。在這樣的日子，寺廟會製作大量的料理，宴請所有前來膜拜的信眾。節日那天，寺裡擠滿了來進香的人，大家陸續就座，享用寺方的招待，但奉納多寡的差別，只在於用餐之處是大廳或是貴賓室，端上桌的料理則是完全一樣的。我們通常是被帶到陳列著骨董的一間安靜的房間，但孩子們在寺內一室是待不住的。一定滿寺裡到處跑，看看這個房間如何？瞧瞧那個房間怎樣？以至於老是挨罵，要我們安分一點。

若有機會到台灣的佛寺，一定要吃素炒米粉這道名菜。米粉的品質好壞差異極大，以米粉根根分離、色白者為佳。加了油豆腐的炒青菜炒好後先將料盛出，將泡開得恰到好處的米粉放入剩下的湯汁中炒，待米粉吸附了湯汁，再與剛才盛起的菜料混合盛盤。米粉泡過頭便無法吸附湯汁，因此米粉泡開的程度便是這道菜的關鍵。以沙拉油和麻油取代豬油，最後撒上大量的炒芝麻，香噴噴的台灣名菜：炒米粉便完成了。米粉好壞全看原料米的品質，以質清不黏的米做成的台灣新竹米粉最好。這是第一等的米粉料理，唯有這個是中國大陸哪一座佛寺都學不來的。

在我家，除了父親之外，哥哥們等男性都認為素齋只能在家吃，理由是：

「看到尼姑走來走去，胃口就少了一半。」

若在家裡，紅桃姑手下的尼僧們僅限於在廚房工作，餐桌的服務是由我們負責，但若在寺裡，則是由剃了光頭的尼僧們靜靜地將料理送上桌。但是，認為尼僧礙眼是那些六根不淨的男人自以為是的意見，尼僧們用心烹調的素齋無論在哪裡吃，纖細的工夫與複雜微妙的味道都是不變的。

小時候去寺廟裡拜拜的目的是去吃尼僧們所做的素齋，那麼每個星期天外出掃墓的樂趣，則是烤地瓜。

我們家祖先葬於台南鬧區外的田園中，一片兼作果園與菜園的墓園。一團團隆起的綠色小丘上，豎起一塊塊石碑的光景，與其說是墓園，不如說更像私人紀念公園。篤信神佛、慎終追遠的父親，每逢星期天便帶著全家人去掃墓。

星期天早上，我們一定是在父親「都到齊了嗎？」的一聲令下，搭乘自用車或人力

辛家墓園裡祠堂的一角。

車前往墓園。後來因戰爭缺乏燃料，為了要乘載一大家子，父親便想出馬車這個主意。讓馬拖著以巴士改造成的大型座車。後院的馬廄裡總是繫著一、兩匹馬，但我從沒見過父親、哥哥騎馬，頂多是偶爾由長工騎，抱著我們上去坐坐而已，在那之前，馬匹都沒有什麼用處，但打造了馬車之後，馬總算有了用武之地了。

乘著巴士改造的馬車前去掃墓的辛家一行人，在旁人眼中看來或許特立獨行，但我和妹妹、小姪兒、小姪女們則是歡欣鼓舞。緊抓著叩咚卡嗒搖來晃去的馬車車窗，望著行經的景色，怎麼也看不膩。這匹馬後來也因戰爭被徵召，我們失去了掃墓的交通工具，但戰爭結束後，又可以開車，於是星期天的掃墓活動又恢復了。

父親似乎認為為祖先掃墓不但是後世子孫的重責大任，對生者也必須是件開心的事。分散在果樹、菜田之中的墓全部一一祭祀過後，接下來便完全是野餐的氣氛，我們攤開放在大籃子中提來的餐盒。

墓園安排了一名長工守墓。除了打掃墓地，耕作菜園、照顧果樹也是他的工作，我們一去，他的妻子便用剛從田裡挖出來的芋頭做芋頭粥給我們吃。或許是這片田適合種芋頭吧，種出來的紫色芋頭又鬆又軟，非常好吃，不但能煮粥，還可以做成燴芋頭、芋餅、炒芋頭等各種芋頭料理。長工太太的炒青菜也很好吃，我們還曾經為了吃她的炒青菜，不帶餐盒，而是帶了很多肉來烤肉。雖然是掃墓，卻毫無陰鬱的氣氛，死者生者共聚一堂，一族人度過快樂的一天。守墓的夫婦住的房子裡為父親準備了一個房間，父親吃過中飯，便在佛堂旁的這個房間裡看看書，與母親和哥哥們説説話。

我們孩子才不管想安靜度過星期天下午的大人們，滿腦子只有烤地瓜。這塊盛產芋頭的田裡，也種植非常可口的地瓜，掃墓日子的點心一定是烤地瓜。在果樹林中跑上一圈，收集落葉和枯枝，然後便等著洞挖好。我們的烤法很特別，不是石烤地瓜，也不是埋在落葉裡烤，而是在土裡挖洞來烤。

不知是不是這個地方的土壤特色，鏟子一挖下去，土壤不會散開，而是像黏土一樣一塊塊黏在一起。在挖好的洞裡鋪上落葉，在洞緣將土一塊塊交互疊上去，做成一個小小的金字塔。在土塊的縫隙中插入枯枝，點火，陸續將細細的柴薪添進去，土製的金字塔便會燒得火紅。

「好，可以了。」

孩子們就等這一句，一起衝上前來開始毀掉金字塔，一面嚷著：「哇！好燙好燙！」一面踢掉最上面的那塊，從那裡把地瓜扔進洞裡，接著用鞋底將土塊踩進洞裡填滿，再蓋上為了整枝而剪下的果樹樹枝以便保溫，然後等上一個鐘頭。玩了一陣子回來，鬆鬆軟軟、甜甜蜜蜜、熱騰騰幾乎會燙人的地瓜就烤好了。地瓜烤好的時候，大人們也會從屋裡出來，大家一起一面呼呼吹涼一面吃，這是掃墓的日子一定會吃的點心，果樹園裡的水果也可以任意摘來吃，等到夕陽西下時，我們便又上車回家。

每周日掃墓的習慣，在父親過世後，間隔便越拉越遠了。孩子們也都長大成人，不再有會高興得四處奔跑的幼童，但最關鍵的是周遭環境的變化。來自中國大陸的難民慢慢在墓園裡定居。從蔣介石的軍隊退休的老兵被稱為榮民，他們與他們從中國叫來的家人，總共有好幾戶住了下來。一開始他們是迫於社會情勢不得不如此，因此只要他們好好管理墓園，便允許他們暫時居住，但隨著難民人數的增加，借住便化為毫無秩序的占有，破壞了墓園。而那一帶原本是市郊的田園，被都市發展所吞噬，如今已是市區的正中央了。即便那是我們祭祀祖先的重要土地，但情況已非個人意願所能左右。

好幾年前，哥哥便另覓土地，準備將墓園遷過去。原先的墓園遲早會有推土機駛入，再生為全新的市鎮吧。我們熟悉、懷念的地方消失的日子也不遠了。這畢竟是世事變遷，惋惜痛心也無可奈何。然而，我在意的是地瓜。假如那片土地至今仍種著地瓜，那麼他們又是怎麼料理、怎麼吃那可口的地瓜呢？我不知道在中國是否也有挖洞烤地瓜的習慣，假如沒有吃過的話，在田地被剷除之前，我真想教他們。

「你們會不會把土塊堆成金字塔型來烤地瓜？」

「千層腐皮」的作法

這道素菜要將好幾張生豆皮疊起來，需要一點技巧。請精心挑選上好的材料來做。

材料：生豆皮六百公克　竹筍（煮熟）四百公克　乾香菇（大朵）二十朵　醬油五大匙　砂糖一大匙　胡椒少許　麻油一大匙

1（製作夾在豆皮中的香菇餡）乾香菇以水泡開，切碎，竹筍也切碎。

2 加三大匙植物油進中式炒鍋熱油，花一點時間將香菇、竹筍炒香，加入醬油、砂糖、胡椒、麻油。

3 準備與豆皮大小相當的淺方盤，鋪上一張豆皮。

4 將少許香菇餡平均撒在整張豆皮上，再疊上一張豆皮，然後重複疊上香菇餡、豆皮（生豆皮一百公克大約有五張，因此最好先將香菇餡依豆皮張數平均分配好）。

5 疊好之後，以重物壓約半天。一開始輕，再慢慢加重。大約從一點五公斤慢慢加到三公斤。

6 壓完之後，將豆皮連淺方盤直接放入蒸籠，蒸約三十～四十分鐘。蒸好之後豆皮會變得十分扎實，便可用菜刀分切。

薄薄的生豆皮容易破，處理的時候要特別小心。以重物加壓時，另外準備一個淺方盤，先放上淺方盤再壓，便可平均施壓。

分切好的千層腐皮可直接上菜，淋上糖醋醬又是另一道菜，裹上麵衣像天婦羅一樣油炸又是另一道菜，可以做出三種變化。

後記

不知從何時起，我心中開始產生一個模糊的念頭：將來我自己應該會寫一本書吧，我想寫。也許是因為曾經有人說過，無論是誰，都能夠寫出一本書。然而，那應該是在六十歲以後，自覺步入人生的黃昏階段時才會實現吧。

如今卻這麼早就成真，要歸功於我的朋友：本間千枝子女士。去年，她來聽了我談台南生活的小小演講。不知她喜歡演講的哪一點，竟勸我寫成書。不僅如此，還為我介紹文藝春秋的白川浩司先生，使得身為命運論者的我相信，這一定是上天注定的緣分，這才付諸行動。

這本書得以完成，其他還受到福士節子女士、堀企畫文化事業部的金森美彌子女士等眾人的幫助。在此雖然無法一一記名，但若非有大家溫暖的鼓勵，這本書恐怕難以問世，為此我由衷感謝大家。

寫作時，或許是因為在台南的日子記憶意外鮮明，後來完成的形式與當初的構想有所不同，沒有餘力提及日本的生活。但回頭重讀，我也覺得這樣未嘗不好。遲緩魯鈍卻重視人生細節是我所希冀的生活方式，而這次的寫作，讓我再次深切感受到，這正是安閑園的日子深植於我心中的。就此而言，我希望將本書獻給如今已不在人世的父親：辛西淮。

一九八六年九月三日

母親的回憶

辛正仁

這一天，我收到令人高興的通知，告訴我《府城的美味時光》推出文庫版，實現了長久以來暗存於我心的願望。

相隔許久之後重讀這本書，發現了一件有趣的事。這本書問世於一九八六年，當時母親五十三歲。而此刻正為文庫版撰寫母親的回憶的我，正好和當時的母親一樣，也是五十三歲。

母親於二〇〇二年一月二十八日驟然過世。已經八年了，這八年來，我似乎比母親生前更常互相面對，互相溝通。這個偶然，不禁令我感到又是母親想告訴我些什麼。

小時候，我家雖然是一母一子的家庭，卻絕非一個靜悄悄的家。二房一廳的小公寓裡，常有從台灣來留學的阿姨或阿姨的朋友、表姊妹等兩、三人寄居於我家，真的非常熱鬧。

母親很怕一個人獨處。

我想那是因為母親生長於大家庭，習慣身邊總是有一大群人圍繞，而那樣的環境也最能讓母親感到自在。

母親非常喜歡招待客人。從母親工作有關的出版社人士，到攝影師、料理研究家、音樂家、阿姨的朋友、朋友的朋友，不誇張，母親每周都邀請許多人來到我們的小公寓，以她的拿手料理招待對方。

小時候，我是個愛發呆、愛幻想的孩子，在母親眼裡似乎是個問題兒童，因此母親指派我任務，嚴格訓練我如何接待客人。

要是客人來了，無論這時候我是在唸書或是做任何事，都要擱下來，先到玄關去迎接。

我家很小，沒有大型衣櫃，因此要在我睡的床上鋪上新床單，來放客人的東西、外套等物品。

我要負責記住哪件東西、外套是哪位客人的，當客人準備離去時，不經詢問便為客人拿出來。

在客人到齊，上前菜、舉杯之前，母親會問候每位客人或他們家人的近況等，提出恰當的話題，讓場面熱絡起來。

對於初次見面的客人，則提出雙方共同的話題，讓雙方在愉快的情形下相識。這時候母親神采奕奕的模樣，是我記憶中最像母親的樣子。

這一刻，我終於可以卸下寄物員的工作，喘一口氣。

但是，真正的任務才要開始。

乾杯之後，開始上全餐，母親便面向餐廚合一的廚房，換句話說，便是要背對客人，完成一道道料理。一面完成料理，一面清洗餐具。因此，基本上母親是無法與客人交談的。

於是，身為孩子的我，便要以主人的身分陪伴客人。

母親要我與來訪的每一位客人交談。

還叮嚀我尤其要主動向沉默的客人攀談。

對於年幼的孩子，陪大人談話是一項相當困難的課題。但是，若是我在用餐期間偷懶，只是默默吃東西，母親便悄悄地把我叫過去，常罵我：「這樣你在這裡就沒有意義了。」

母親雖然沒有嚴格要求我為客人倒酒，但若是客人的空盤一直沒有撤下，我也會挨罵。

若有客人要告辭，便要悄悄到房間正確取出那位客人的東西與外套。

送客時，不是送到門口，而是搭電梯下樓，送到公寓的大門。

然後，要送到看不見客人為止。

當母親獨力做完全餐，上甜點時，才回到餐桌上，與客人愉快地交談。這時候，我在用餐期間撤下的碗盤已經全部清理好了。

我家也經常有客人留宿。若接到聯絡，得知有客自遠方來，母親便會說：「住飯店太浪費了！」請客人在家住上好幾天。

當親戚一家人留宿的時候，便請客人住我的房間，餐桌底下就成為我的床。但是，對孩子來說，這就好像露營的帳篷一樣，我十分喜愛這個活動。

提到任務，將母親所做的料理、難得有的吃食送給附近常來往的街坊鄰居，也是我的任務。

一開始我嫌麻煩，做得不情不願，但一送去，每個人都會由衷感到高興，還會送我愛吃的煎餅作為回禮讓我帶回來，因此當我完成任務回家時，心情總是輕快的。

若是知道有人生病住院，母親一定會做「香菇雞湯」，要我送到醫院去。

且容我再次強調，我本是個愛發呆、話不多的孩子。

但是，由於我深知這雞湯暖心暖胃的好味道，把湯交給病人時，也能夠打從心底說：「請您喝雞湯，趕快好起來。」

母親希望以料理為大家帶來幸福的熱情，也投注在我朋友身上。

小學星期六放學後，舉行同樂會時，身為家長會一員的母親，覺得只有現成的零食不夠豐富，便親手為全班做了草莓蛋糕。

母親用家裡的小烤箱不知烤了多少次海綿蛋糕，用家用小料理盆不知打了多少次鮮奶油，放上一顆顆又大又紅的草莓，做出了給全班吃的草莓蛋糕，用羊毛大衣又扁又長的大硬紙板箱來裝，滿滿一箱，塞得一點空隙也沒有。

平日我在班上只是個濫好人，毫不起眼，只有這天當上了主角。

「好好喔，你每天都吃這麼好喔——！」

雖然難為情，但內心卻從未像這時候如此以母親為傲。

除了料理和客人之外，母親最喜愛的，就屬欣賞歌劇和以花材妝點室內了。除此之外，母親幾乎不為自己花錢。

母親真的是節約高手，重要的錢，都用來栽培、養育我，以及毫不吝惜地花在客人、朋友、親戚身上。

安閑園的回憶。

母親孩提時代的回憶為何如此鮮明？

我想，那是因為母親在出生、成長、生活的過程中，感情比常人加倍豐富。

聽說，伴隨著強烈感情的記憶，會永遠鮮明地留在人類的大腦中。

但是，重視生活細節，擁有豐沛感情，並不只會感受到幸福、快樂。相反的，悲傷和痛苦的強度也比別人多一倍，也更容易受傷。

各位讀者，不，恐怕連我的親戚也都沒有發現，母親直到臨終也未曾揭露，但《府城的美味時光》文中，隱藏著母親孩提時代深深受傷的回憶。

如今，社會的腳步快得驚人，人們所受到的壓力不斷變大變重，我們為了逃離這份痛苦，有時不知不覺便關上了感情的開關。

但一直這麼做，感情的開關將無法再打開……

換句話說，我們不會感到不幸，但也感受不到幸福。

而且，當我們走到人生的盡頭，就好像不記得今天一天發生過什麼事一般，不知道過的是誰的人生。

我覺得鮮明地回想起從小便伴隨著自己的細膩感情，是綜觀自己往後該如何生活的最好辦法。

假如，這本書能夠成為契機，使讀者撥出寶貴的時間來回顧人生，我想母親一定會感到十分欣慰。

最後，我要由衷感謝大力促成《府城的美味時光》推出文庫版的作家林真理子女士、出版單行本的文藝春秋諸位、福士節子女士、為執行而奔走的集英社村田登志江女士、文庫編輯部的瀧川修先生、宮脇真子女士、支持母親生前的各位，以及與母親有所共鳴的所有親愛的讀者，謝謝大家。

二〇一〇年五月

跋之一

辛永秀（作者辛永清之妹）

妳的《府城的美味時光》原就是我熟悉的書，真沒想到中文版的發行，反而成為一股推動力，催促著我每日重溫幼時的甜美時光。如夢似霧，時而清晰、時而模糊，不禁百感交集……

兒時記憶中，每天穿梭在花園裡果樹下，襯著爸爸特別蒐集而來、極具特色的石頭，以及或大或小修剪成各樣造型的松樹，有著小橋流水、垂柳及小飛瀑的安閑園實在太有趣，讓我和姪兒姪女們總是在裡面玩扮家家酒或捉迷藏到流連忘返。

但妳不同！唯有妳是個小淑女！不是彈鋼琴就是做功課，晚餐前或是大廚來，妳一定待在廚房「觀摩」。原來，妳早在當時就已默默地儲備潛力了！

妳高中時，我初中，從此我們變成學姊學妹的關係，兩人總被稱為「一對行影不離的姊妹花」！這時的生活多采多姿，是擁有最豐富回憶的築夢時代！一翻起舊相片，妳的任何一張團體照，不管是同學、朋友的合照，總插進一個小一些的孩子（就是我！）。

爸爸過世時，我年紀還小，而媽媽健康狀況也不理想。妳自然而然的一肩扛起照顧我的責任，為我打理大大小小的事，其實妳並沒有大我太多歲啊！

還記不記得？媽媽說什麼也不許我們去游泳，但妳卻偷偷剪布回來裁製了我們兩人的泳衣，剩下的布更做成漂亮的「姊妹書包」！當時初中的我，儘管自幼在大家眼中是個任性的野丫頭，實際上卻膽小得很，媽媽說不准便不敢吭聲……而妳卻選在一個晴朗的盛夏午後，帶著我去游個痛快。回家後，媽媽吃驚的問：「妳們兩個怎麼渾身濕答答的？」我們倆眼睛眨呀眨的，不約而同的說：「剛才下大雨了啦！」

這世上，妳是最瞭解我的人，是我的伯樂！正因初中全省音樂比賽時，妳把我推上舞台，從此便開創了值得我一生堅持的志業！音樂路上，是妳造就了我！真不知妳是如何說服哥哥們的，在我們那樣特別傳統又保守的家庭裡打破出國留學的關卡，可真是「不可能的任務」啊！

好不容易去到東京，我卻因想家、想媽媽而鎮日哭哭啼啼的。垂淚多日後，妳終於敲了我的房門，心平氣和但斬釘截鐵的說：「妳是來這裡學習的！假如妳還要再哭，還要再想家、想媽媽，那麼我馬上買機票，請妳回家去！」口氣既不嚴厲，也不見妳生氣，而我卻從那時起，旋即收起眼淚，欣然進入那嚴格但絕對是由衷熱愛的音樂學習國度。

妳陪著我拜師，帶我拜見柴田睦睦（二期會初代理事長）及波拉（Arrigo Pola：帕華洛帝〔Luciano Pavarotti〕的啟蒙老師）。後來我進入歌劇班、研究所、二期會，一路上總有妳溫暖的陪伴。大大小小各項音樂比賽、音樂會演出、歌劇演出等等，也一定有妳在台下鼓勵著，令新生代歌唱家們羨慕不已呢！

在東京時，我們總是一起享受來自世界各國的音樂演出。雖然妳也一邊忙著自己的工作，但我們不曾遺漏所有重要的音樂會及歌劇演出。當時正值西洋歌劇的舞台花朵盛開之時，那時期我們聆聽了好多齣經典劇目。看著六〇年代的多位歌劇巨星們：摩納哥（Mario Del Monaco）、提芭蒂（Renata Tebaldi）、莫斯卡（Giulietta Simionato）、巴斯提亞尼尼（Ettore Bastianini）、普羅蒂（Aldo Protti），波拉還有費雪迪斯考（Dietrich Fischer-Dieskauu）、施瓦茲科芙（Elisabeth Schwarzkopff）等歌手的完美演出，總是讓我倆萬般珍惜這美好的精神食糧，既幸福又滿足。

在學習階段裡，前後遇上幾位恩師，波拉、大谷洌子、甚至藤原歌劇團團長藤原義江，全都成了妳的好友。品嚐妳的菜餚竟成為他們最大的享受！長年住在帝國飯店的藤原義江團長還告訴我：「妳姊姊的法式魚派可比帝國飯店作的美味呢！」不僅如此，歌劇班的同學、二期會的好友們全成了妳的粉絲，深深為妳著迷……迷妳的人！迷妳的料理！妳其實就是創造出中餐西吃的第一人！

還記得妳第一次來看我們的歌劇「費加洛婚禮」，全團人員一見到妳就驚為天人，有人竟還問我：「妳們兩個真的是親姊妹嗎？」從小就有人說我比不上妳的優雅及美麗，怎麼長大後來到國外還是這樣？後來大家因為仰慕妳都稱妳「姊姊」，我好驕傲、好得意，竟開心的忘了要嫉妒一下才對！到現在，在東京偶遇這些老友，大家仍是無法忘懷妳的人及妳的佳餚，「美麗」、「優雅」始終是妳的代名詞！

時隔二十六年，這本書將在台灣出版，看來我又得在妳的陰影下過上好一陣子了！從妳的身影，我學到了妳獨特的生活美學；而從妳的書，使我更深切的感念父母所堅守的辛家庭訓，並重溫哥哥姊姊們的愛。十年了！好不容易熬過十年，原以為已逐漸淡忘，此刻我卻更加思念妳！就像以前常常和妳通電話一樣，我更常在心裡與妳對話了！謝謝妳用這本書讓我重溫舊夢，我真慶幸自己是妳妹妹，我還要與妳約定，來世我還是要當妳的妹妹喔！

當我們都還年輕時，好友和惠曾問我：「妳怎麼會有與生俱來的樂觀和和諧的性格呢？」我篤定地回答她：「是來自於幼時的大家庭——我心中永遠懷念的安閑園！」妳說是不是呢？我摯愛的清姊！

跋之二

亞朱華（作者辛永清之外甥女）

我內在的安閑園，是五姨和母親為我建立的。那生活中隨處可見的，一點一滴微小的體貼，或是期待花朵綻放得更美的小小心意……就這麼自然地融入我的生活舉止、融入我的身心。

這些珍貴的寶物讓我珍惜到希望能一代一代相傳，絕對不要消散遺失，尤在再一次讀這本書時，更如此深刻的思索著……。

生命中影響亞朱華最深的阿姨。亞朱華：「我是阿姨的心肝寶貝。」

【推薦】

那個年代的人文天際線

王浩一（知名作家）

曾經在台南訪談過一些仕紳，那是這座老城才有的優雅族群，世代更迭中，他們傳承著特有且迷人的氣質，他們也講究生活中的細節和美感。

一天的中午，到一位退休老醫生家做客，他們以家宴招待我與幾位友人，進了玄關，立刻察覺這是一戶要把脫下來的鞋子併排，而且鞋頭朝外的仕紳之家，我立刻啟動年幼以來的所有家教，應對進退，進入了他們城堡般的居家領域。當然，那天品嚐了細膩、條理、美味又神奇的一桌子菜餚。在台南，常常聽世居府城的友人說：「這座城，有一群人他們用宗教般地態度傳承美食的烹調。」讀了那個年代的辛家美味，我全然領略書中所細論的每一縷香氣，也明白每一道工續的講究和堅持。

我有幸認識了一些這樣過日子的老府城人，也欣賞那些時代以來，動人的美食人文天際線。而這本書所記錄的，就是那道最迷人的弧線和高點。

時代女性的生活風格

李絲絲（誠品信義旗艦店 生活風格書區組長）

「好清麗脫俗的大家閨秀啊！到老，都能這樣氣質出眾，並散發著智慧的光芒，真喜歡這樣的人生風格！」

這是我初見作者辛永清女士在長榮女中的少女學生照，以及她在NHK料理節目教授烹飪的老照片中，第一眼讓我發出的美麗讚嘆！

「安閑園」裡的種種，縱使我終日在書堆中為讀者介紹美食書，每週五也主持著帶狀料理活動；但這府城大宅院裡的動人樸實，我也是第一次認識；這裡有作者年少時的成長回憶，除了懷舊印象、大戶人家的生活紀錄，以及由美味串連出的十二道家族獨特經典菜色外，還讓我想了多年前，在忙碌之餘偶有的台南行回憶中，在對一般古早有味的傳統美食的印象外，更豐富了我對古城不一樣的人文況味感受。

感謝辛老師，這一位，我認為在當時足以堪稱時代新女性的她，所堅持將故鄉人、事、物、味，留下紀錄。在等待了二十六年之後，中譯本終於問世，閱讀這部雋永文集的心情，就如宅院之名，閑靜安適。

菜餚透析出台灣本土特色與歷史

謝國興（中央研究院 台灣史研究所所長）

辛西淮家族是日治時期迄一九七〇年代台南府城著名的縉紳家庭，活躍於政商與教育文化界，是一個既傳統又現代，經殖民文化洗禮卻同時保有閩南與台灣地方文化特色的菁英家族。有曾任議長與市長、大學校長，並具「大正男」本色的辛文炳；有曾任高雄縣長的女婿；有一九四九年後滯留汕頭受盡苦難的「海外台灣人」女兒與醫生女婿；有揚名日本與西方的聲樂家女兒……。辛永清習音樂卻陰錯陽差以料理名家，這本談台灣料理的書，敍述的不僅是道地台灣菜的作法與內容，更多的是一個大家族生活中透析出的台灣本土文化特色與歷史風貌，在正史與文獻中很難查找的到，在本書中卻栩栩如生，令人動容。

安閑園裡的每一天都新鮮，
不同的料理、不同的風味，讓人垂涎。

❶【薑味烤雞】

辛家習慣在男孩子變聲、女孩子初潮的前後一、兩年，每個月讓小孩在廚房旁配膳室的桌子上，吃幾次這道點心。一來補充營養，同時也是讓邁入成年的孩子有所自覺的一種儀式吧。這道菜不切開盛盤，一定是整隻雞直接用手撕來吃。當輪到辛永清時，害怕被跟自己年紀差不多的姪子、姪女取笑，她強硬地向母親宣告：「要是無論如何都得吃，那就大家一起吃，不然我不要。」母親只好燒了一隻特別大的雞，由辛永清「作東」請大家一起吃，辛永清還記得那滋味美極了。

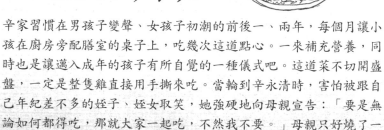

材料

雞 1 隻（約 2 公斤）薑 500 公克 鹽 2 杯

作法

1. 以 2 ～ 3 大匙鹽塗滿雞內外側，加以揉擦入味。
2. 薑洗淨，連皮切成薄片，先將雞的腹腔塞滿。
3. 將其餘的鹽鋪在中式炒鍋鍋底，鋪上鐵網，再將雞放在鐵網上，將其餘的薑片貼滿雞皮上，直到看不見雞皮。
4. 蓋上厚鍋蓋，以小火慢慢蒸烤 2 小時。

這道菜只用鹽和生薑簡單調味，因此雞本身是否可口就很重要。鹽最好用粗鹽。薑要切得夠薄，否則無法貼在雞上。鍋底鋪上大量的鹽，是為了讓雞油滴落時產生含有鹽分的蒸氣（之類的氣體），以便讓雞肉更加可口的智慧吧。

製作小撇步

雞要挑選鹿野雞，或有油脂的，烤起來才不會過乾。鹽鋪在中式炒鍋鍋底要先大火讓鹽巴結塊，再轉小火，可以減少鹽焗的時間。

❷【什錦全家福大麵】

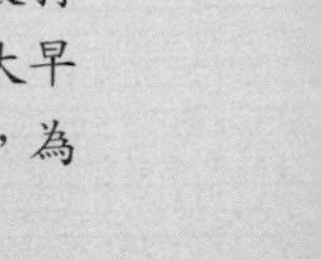

在辛家舉凡父親生日、除夕夜，只要有喜事，必定會做「什錦全家福大麵」這道羹麵。辛家人習慣在家長壽辰當天午夜零時，盛裝打扮，齊聚於滿室光華的佛堂，低聲誦經，祈禱父親順利。隔天一大早所有人會放下手上的工作，趕到佛堂去，由長至幼依序說吉祥話，為父親祝壽。

材料

中式麵條（乾麵）4 ～ 5 人份 油 1 大匙多 豬肉（整塊）200 公克 酒、胡椒、醬油各少許 蔥半根 蝦米 1/4 杯 乾香菇（大朵）3 ～ 4 朵 竹筍（水煮）100 公克 蘿蔔 150 公克 胡蘿蔔少許 沙拉油 3 ～ 4 大匙 水或高湯（包括泡蝦米與乾香菇的水在內）4 ～ 5 杯 鹽 1 ～ 2 小匙 酒 1 ～ 2 大匙 太白粉將近 1 大匙 蛋 2 ～ 3 個 麻油 味素 蝦夷蔥少許

作法

由羹做起。

1. 豬肉用肩里肌肉、腿肉或是任何喜好的部分均可，一大塊切成 1 公分立方的肉丁，淋上少許酒、胡椒、醬油，醃 10 ～ 20 分鐘入味。
2. 蔥切碎，蝦米、乾香菇分別以溫水泡開，泡過的水加入高湯中。
3. 泡開的香菇去蒂，切成與豬肉大小相同的香菇丁，竹筍也同樣切丁。
4. 蘿蔔與胡蘿蔔削皮，同樣切丁，以鹽水燙過備用。
5. 以中式炒鍋熱沙拉油，將蔥炒香。這時加入蝦米，再加入豬肉，炒到豬肉完全變色。
6. 待豬肉變色之後，加入香菇丁再炒，依序加入蘿蔔丁、胡蘿蔔丁、筍丁，再加鹽、醬油，酒沿鍋緣嗆入。
7. 將炒好的材料換至湯鍋，加水（或高湯）來煮。太白粉以三倍的水溶開，待蘿蔔軟了之後，繞圈倒入鍋中勾芡。
8. 蛋打散，繞圈倒入鍋中，最後加入胡椒、麻油、味素，熄火。蓋上鍋蓋燜一下，待餘熱將蛋燜到嫩熟，再攪拌整鍋湯。
9. 蝦夷蔥切成蔥花。

計算羹煮好的時間來下麵。

10. 乾麵放入大量熱水中，煮到喜好的軟硬，繞著倒入油，將麵攪散。
11. 將麵分盛為 1 人份，加少許羹拌開，再淋上大量羹，撒上蔥花。

製作小撇步

這道羹麵的特色，是以鍋子的餘溫將蛋燜熟到恰到好處時，再加入麵條。算好羹煮好的時間來煮麵，剛起鍋熱騰騰的麵，和著羹一起吃，最是美味。另外，麵要與食材分開煮熟，湯頭才不會渾濁，口感才會好。

❸【安福大龍蝦】

辛永清烹飪教室名聲，從鄰家太太傳到車站前的仙貝店，再從仙貝店傳到古箏老師，上古箏課的學生們再傳給她們認識的主婦太太。從沒有一個熟人開始的烹飪教室，竟意外聯繫起一大群人。後來武藏野音樂大學校長福井直弘先生，每有宴客，便要辛永清負責料理。這讓辛永清得以搜羅買不起的好材料，天馬行空地構思豪華、精緻又富有創意的菜單。豪華宴客料理的其中一道就是「安福大龍蝦」，這道料理氣勢雄渾。

材料

龍蝦 4 尾 沙拉油 1 ～ 2 大匙 酒少許 鹽少許 蛋白 1 個 太白粉約 2 大匙 炸油 草菇（罐頭）150 公克 竹筍（水煮）70 公克 胡蘿蔔半根 青椒 2 個 豬油 2 大匙 酒少許 高湯 2/3 杯 鹽 1/2 小匙 太白粉少許 麻油少許 胡椒少許 蘿蔔嬰 1 把 冬粉 15 公克

作法

1. 把龍蝦頭與身分離，將肉取出。其中 1 隻的殼當作盛盤裝飾，因此要洗淨汆燙。
2. 將蝦殼的水氣擦乾，淋上熱沙拉油，使蝦殼更加紅豔。
3. 蝦肉切成一口大小，以酒、鹽稍加調味，加上蛋白、太白粉拌勻。
4. 蝦肉以中溫（130 ～ 150 度）的炸油過油，約 8 分熟時撈起瀝油。
5. 草菇切片，竹筍、胡蘿蔔、青椒分別切成 1 公分的小丁，胡蘿蔔先燙熟。
6. 以中式炒鍋熱豬油，以大火先炒草菇，接著加入竹筍、胡蘿蔔、青椒，從鍋的內側倒入酒，加入高湯、鹽調味。
7. 以太白粉加水勾薄芡，加入過了油的蝦肉，最後以麻油、胡椒添香。
8. 冬粉維持原有的長度，直接以高溫油炸，迅速起鍋。
9. 盛盤時，先將冬粉掰成方便食用的大小，鋪在大盤上，龍蝦的頭與身略微分開放置，讓蝦看起來更大，再盛上烹調好的蝦肉與蔬菜。只切下蘿蔔嬰的葉片，撒在四周作為點綴。

製作小撇步

龍蝦看來雖大，可食用的部分卻很少，盛盤用的殼雖然只需一尾，蝦肉卻必須多備一些。龍蝦肉取下來後，用少許蛋白、太白粉拌勻，就可以鎖住龍蝦的鮮味。

④【豬血菜絲湯】

辛永清母親嚴格訓練女兒們廚房裡的本事，但到了與姊姊相隔一輪年紀的辛永清時，或許是母親年紀大了，也或許是考慮到將來不會過奢侈的半農家生活，母親看辛永清畏縮就沒強迫她學殺雞。辛永清雖沒學會殺雞，但從小就喜歡在廚房裡鑽來鑽去。在重吃重廚藝薰陶下長大的辛家人，日本知名料理研究家江上榮子女士一家人來台時，曾經不懷好意端出各種為難外國人的料理，他們打賭江上一家絕對不敢吃，沒想到江上一家讚不絕口，還把辛家端出的每一道菜都真心開懷地吃下肚，一眾辛家人當然也輸得心甘情願。

材料

（4 人份）雞高湯 4 ～ 5 杯 韭菜 1 把 豆芽菜 100 公克 蔥 1/3 根 胡蘿蔔少許 大蒜 1 瓣 鹽 1 小匙多 酒 2 大匙 醬油少許 胡椒 麻油 豬血 白粿

作法

1. 豆芽菜去頭尾洗淨，蔥、大蒜切末，胡蘿蔔切絲。
2. 年糕切成細條，豬血切薄片。
3. 起油鍋爆香蔥、蒜，沿鍋邊嗆酒。
4. 加入高湯以鹽調味，去浮渣之後，放入蔬菜和粿，以少許醬油提味，加入胡椒和麻油添香，加入豬血，撒上韭菜。

● 高湯

作法 要熬出 4 ～ 5 杯高湯，大約需要 1 ～ 2 根雞腿或雞翅。雞肉先抹鹽，鹽的分量要多一些，在冰箱冰 1 晚，翌日把鹽洗淨之後，加熱 1 ～ 2 小時熬成高湯。

製作小撇步

這道菜餚的重點是高湯要好。辛家的「豬血菜絲湯」非常豐富，你從沒看過加入豆芽菜、胡蘿蔔和粿的豬血菜絲湯吧！還有這道湯品的蔥、蒜都是現爆的，香味四溢。

❺【春餅】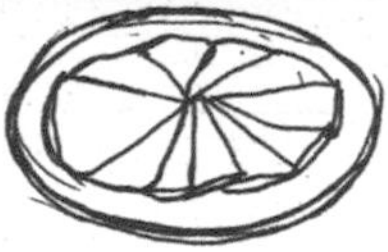

辛家佛堂是個細長的大房間，左右沿牆整排是高背椅子與茶几相間而放，正中央是空地。細長的房間盡頭，是占了整面牆的大佛壇。黑檀木佛壇的雕刻精緻。佛堂上的固定供品，三月是春餅，五月是粽子。台南習慣在農曆三月三日吃春餅，但辛家人等不及春天來到，還沒過節就會先吃上好幾次春餅。吃春餅好玩有趣的地方，是可以利用不同的配料做出種種變化，每個人自己動手包，大人小孩都不由得胃口大開。而辛家春餅的特色是在裡面加上一片烏魚子，既可當作待客的午餐，亦可作為午後的茶點。

【餅皮】

材料

低筋麵粉 1 杯 高筋麵粉 1 杯 鹽少許 豬油 1 ～ 2 小匙
手粉（低筋、高筋均可）少許 麻油 2 大匙 沙拉油少許

作法

1. 低筋麵粉和高筋麵粉混合過篩。
2. 將粉放入盆中。鹽與豬油以半杯熱水溶化，徐徐倒入麵粉中，邊倒邊以筷子攪拌。
3. 待麵糊稍涼後，以手揉麵，揉成一個麵糰。桿麵板上撒上手粉，將麵糰移至板上，充分揉麵。
4. 揉至麵糰表面平滑有光澤後，以濕茶巾包起，在室溫下靜置 1 ～ 2 小時。
5. 桿麵板上再撒手粉，放上麵糰，揉成直徑 3 公分左右的條狀，切成 16 小段，搓圓。
6. 麵糰搓圓後以手心壓平，以桿麵棍桿成直徑 10 公分左右的圓。
7. 其中一面塗上一層薄薄的麻油，將另一片麵皮疊上去。
8. 將疊好的雙層麵皮桿成 15 公分左右的圓。
9. 加熱中式炒鍋，塗一層薄薄的沙拉油，將雙層麵皮放入鍋中，蓋上鍋蓋。小心不要煎得太焦，單面煎或雙面煎均可。即使只煎單面，只要麵皮鬆軟鼓起，便代表煎好了。
10. 熟了之後取出來，將上下兩層麵皮分開（因為塗了麻油，趁熱便可輕易分開）。每張對摺再對摺，排在盤子上。

【味噌醬】

材料

八丁味噌 3 大匙 酒 4 大匙 醬油 2 小匙 砂糖 2 大匙 麻油 1 小匙半 沙拉油 1 小匙半

作法

1. 味噌醬以八丁味噌為底來熬製。將所有的材料放入厚底的小鍋中，以小火熬煮，小心不要燒焦。待醬料柔滑、出現光澤便熄火。

【花生糖粉】

材料

花生（炒熟的）1/2 杯　砂糖 1/3 杯

作法

1. 花生糖粉以市售的花生再炒過，切碎，與篩過的砂糖混合。

《府城的美味時光》書中列出了基本五種配料作法，但在這裡我們列上的是辛永清的獨門食譜中，更詳細的材料和食譜作法，讓讀者可以自行選擇。

作法

1. 先將蔥切成 7 公分左右長，然後從中間剖開之後再切絲。
2. 將煮熟的筍子切絲，再用少許油拌炒，加入少許鹽及胡椒調味。
3. 豆乾切絲後用油拌炒，加入少許鹽及胡椒調味。
4. 將豌豆莢的蒂頭跟絲拿掉，放入加了少許鹽的熱水中水煮後取出，斜切成絲。炒鍋裡熱油，用大火快速的拌炒豌豆絲，加入少許鹽及胡椒調味。
5. 製作蛋絲。在調理盆內放入一個全蛋及一個蛋黃，加入少許鹽及胡椒，打散後再用濾網篩過。先將油放入炒鍋熱鍋，鍋子表面都吃滿油後，再用紙巾將油稍微拭乾。將 1/3 的蛋液倒入鍋中用中火煎，一邊旋轉鍋子將蛋液擴成直徑 12 ～ 13 公分大小。將蛋皮翻面，快速的將表皮煎過之後就起鍋放到盤子裡。再用同樣的方式將剩下 2/3 的蛋液煎好。將煎好的蛋皮捲起，切成 2 ～ 3 公釐左右的絲狀。
6. 去除烏魚子外層的薄膜，將紗布蘸酒之後輕拍烏魚子，讓它沾上濕氣。之後直接放在火上稍微烤一下，再斜切成薄片。
7. 去除生香菇蒂頭後，切成薄片。炒鍋裡熱少許油快速的拌炒一下，加入鹽及胡椒調味。
8. 紅蘿蔔切成 3 公分左右長度的細絲。炒鍋裡熱油，快速拌炒一下，加入
9. 鹽及胡椒調味。

   將芹菜莖外側的粗絲去除，切成 5 公分左右的長度後切絲。
10. 將竹籤插入蝦殼的空隙，挑除沙筋。將蝦子放進鍋子裡用鹽及酒加蓋煮熟。偶爾要搖晃一下鍋子，等到九分熟的時候關火，靜置放涼後再撥蝦殼。
11. 豆腐放在斜置的砧板上，上面放上重物將水分擠出後，再將豆腐弄碎。

用炒鍋熱油拌炒豆腐末，加入少許鹽及胡椒調味。

12. 製作炒蛋。打蛋後放入鹽與胡椒調味。預熱炒鍋，加入一大匙的沙拉油後轉大火，油冒煙後將蛋液倒入鍋中，用叉子快速拌炒，小心不要炒焦。
13. 豆芽去頭去尾，洗淨後備用。炒鍋裡熱油，用大火快速拌炒，加入鹽及胡椒調味。

製作小撇步

自製麵皮比買現成的春餅皮有嚼勁，搭配用八丁味噌炒過的特製醬，味道更具台南古早味。

❻【人參鰻魚湯】

大家認為鰻魚活生生的最好，但活生生的鰻魚被裝入有酒與藥草的甕中時，不免瘋狂掙扎，但仍舊被不容分說地緊壓住蓋子做成湯。照例，鰻魚掙扎地幾乎要把整個辛家廚房頂都掀起來了，偶爾還會遇見連大廚粗壯手臂都制不住的強中豪傑。膽小如辛永清，則是想按又不想按，差點連人帶鍋地被彈走。辛永清只要一聽到要蒸鰻魚，就生怕又被叫去按鍋蓋，但美味的成品卻令她將那殘酷的光景完全拋在腦後。

材料

活鰻魚（大尾 2 尾） 韓國人參 4 ～ 5 枝 酒（米酒．日本酒或燒酒均可）2 ～ 3 杯 鹽

作法

1. 韓國人參切薄片，或者以水泡開後連水一起使用。
2. 活鰻魚放入壺中，倒酒。鰻魚會亂蹦亂跳，因此要牢牢按住蓋子，等鰻魚不動。
3. 鰻魚不動了之後，加入韓國人參與少許鹽，加水蓋緊壺蓋。
4. 將壺放入盛有熱水的鍋中，以較中火稍弱的火加熱 2 ～ 3 小時。

製作小撇步

先用中藥材藥燉好湯頭，再加活鰻再燉，風味更佳。

❼【脆腸料理】

辛永清有特殊的料理天分，她小心翼翼將記憶的絲線拉出來，便能重現看過或吃過、聽過的料理。辛永清二十多歲，剛開始教烹飪不久，便受日本九州養豬協會之邀，指導整頭豬的內臟料理。一開始大家有眼不識泰山，還問講師怎麼還沒來。當時辛永清還沒有料理一整頭豬的經驗，但最後她厲害的表現讓底下的日本專業料理人大為讚嘆。脆腸料理據說對年輕男女具有微妙的功效，因此每當這道料理上桌，就會有人露出詭異的微笑，但辛家人則視為是增強體力的食物，大人小孩都吃。

材料

豬脆腸 1 公斤 蔥、薑、花椒粒和米酒

作法

1. 脆腸以蔥、薑、花椒粒和米酒搓揉將內外完全洗淨，去除腥味與黏液。
2. 以大量滾水汆燙。因為是豬內臟，必須熟透，但又不能煮得太硬，因此水滾之後大約燙 1、2 分鐘。燙好之後立刻放入水中，防止餘熱讓脆腸變老。

【蘸醬油吃法】

材料

燙熟的脆腸 500 公克 大蒜（大）3 ～ 4 瓣 醬油 3 ～ 4 大匙 麻油

作法

1. 脆腸切薄片。
2. 大蒜磨成泥，以麻油做成大蒜醬油，供脆腸蘸料。

【炒脆腸吃法】

材料

燙熟的脆腸 500 公克 嫩薑（去皮）200 公克 醬油 4 ～ 5 大匙 油 2 大匙

作法

1. 脆腸切薄片。
2. 嫩薑切絲，以油爆香，加入脆腸，拌入醬油即可。以鍋鏟翻動幾次便可熄火盛盤，以免脆腸太老。

製作小撇步

現在已不使用明礬和粗鹽處理內臟了，改用蔥、薑、花椒粒和米酒搓揉，來去除腥味。脆腸的美妙之處在於脆脆的口感，因此火候的掌握特別重要。記得筷子可穿過去，發出砰一聲的程度，就是脆度剛剛好的時候。

❽【烤乳豬】

辛家四姊的婚禮在距離台南兩小時車程的地方舉辦。婚禮前一晚，全家人在佛堂拜拜到深夜，在最後團聚的時間，會聚在一起做雙喜。拿出紅紙，誠心誠意地剪出大大小小的「囍」字，貼在要帶去夫家的所有大小物品上，祝福出嫁女兒幸福美滿。儘管是鄉下的宴席，仍盛大非凡。廣大的前庭由幾十張圓桌擺得滿滿的，料理一道接著一道，連桌子都擺不下，盛宴一直持續到晚間十點多才結束。婚禮等喜慶宴會的代表性料理，非烤乳豬莫屬。

材料

乳豬1頭（5～8公斤）醬料（醬油3杯 酒1杯 蜂蜜1～2杯）

作法

1. 取出乳豬的內臟（可將肚腹剖開，亦可由尾部取出，保留全豬的模樣）。
2. 泡熱水，去毛（西式作法是以瓦斯噴槍將毛燒除，但台灣是一根根拔淨。這樣可以將豬毛連根去除，吃起來好吃得多）。
3. 茶巾泡酒扭乾，裡裡外外仔細擦拭，以醬料刷將調拌均勻的醬料刷上整隻乳豬，每個地方都要刷到。
4. 用鐵棒將乳豬從頭至尾貫穿，掛在火爐上，邊塗醬料邊以炭火燒烤，大約需時2～3小時。

製作小撇步

這道菜最重要的是掌握燒烤時的溫度，燒烤時要均勻塗刷醬料，是考驗料理的工夫菜。

⑨【紅燒牛肉】

一到過年辛家上上下下、大大小小都忙碌準備採買、烹煮料理。料理菜色與平常請客不同，有各式各樣的前菜，像是象徵多子多孫的喜慶之物烏魚子，還有熱菜、現做的菜色和大量澄澈的清湯。而且一定會大量採買，這不僅是為了確保市場開市之前的食糧不斷，也是因為重視在豐饒的氣氛中過年。辛家圍爐的大餐桌下，總是擺著一個燒著紅紅炭火的金色小火爐，火爐上串燒著由細繩串得密密實實、沉甸甸的銅幣，祈求財運亨通。這道紅燒牛肉符合年菜最基本的利於保存與富於變化的需求。

材料

牛腱 500 公克 蔥 1 根 薑 1 塊 八角 1 個 砂糖 1 大匙餘 酒 2 大匙 醬油將近半杯

作法

1. 將牛肉放入有深度的小鍋中，加入拍過的蔥和薑、八角、砂糖、酒、水 3～4 杯、一半的醬油，開火加熱（水量以蓋過牛肉為準）。
2. 最初開大火，沸騰後將火關小，一面去除浮渣，偶爾將牛肉上下翻動。
3. 煮了 1.5 小時之後，加入剩下的醬油，煮開了便熄火，讓牛肉直接在汁液中冷卻。冷卻之後切成薄片盛盤。

製作小撇步

食材要挑選新鮮的牛腱，最後的秘訣是用大火將滷汁收乾，就可以讓香氣與滋味更飽滿。

⑩【滷肉】

「惠姑」是辛永清祖父結拜兄弟的兒媳。惠姑看來總是活力十足、充滿朝氣，但身為風流先生的大房，惠姑也有許多不為人知的心酸。辛永清從惠姑身上瞭解到：「該忍的，毫無怨言地忍；該出力的，使勁出力；而該享受的時候，盡情地享受。」人生漫長，並非一時的忍耐便可熬過，為了克服困難，愉快地發洩也是不可或缺的。相對於中式住宅建築中採用西式生活樣式的辛家安閑園，惠姑家則是富麗堂皇、穩重威嚴的傳統老建築，同樣都有庭院造景。辛家味以高雅細膩為特色，而惠姑做菜的風格則是豪邁十足、大刀闊斧。滷肉此道料理為惠姑的拿手好菜。

材料

帶皮豬五花肉 1 公斤　大蒜 5～6 個　醬油 2/3 杯　酒 1/3 杯　冰糖 20～30 公克　調味料

作法

1. 將五花肉切成 5 公分見方的方塊。
2. 大蒜拍扁。
3. 準備砂鍋，將所有材料放入鍋中，加水剛好蓋過豬肉，滷 1、2 個小時。
4. 靜置一晚，撈除浮在上層的油脂，再次加熱後食用。

製作小撇步

一開始滷製時，水即要加足，
避免中途加水，滷肉的顏色才會漂亮均勻。

⑪【什錦滷蛋】

辛家廚房大小約十坪左右，地板和牆都貼了瓷磚。牆邊有兩座也貼著瓷磚的大柴爐，廚房四面是餐具架、櫥櫃，正中央是調理檯。厚厚的木製調理檯本身也是大砧板，也是揉麵糰、做包子的擀麵檯，和傭人的餐桌。對辛永清來說，廚房宛如一個活生生的生物，在辛永清的「幫忙」還沒變成搗蛋之前，大人容許好奇心強的她，在廚房中到處探險。辛永清是在訪客絡繹不絕的辛家廚房中，耳濡目染學會烹飪的。「什錦滷蛋」就是代代相傳的辛家味之一。辛永清母親會在家裡大量製作，一天加熱幾次，可連吃兩、三天當點心。

材料

豬絞肉 1 公斤 雞腿肉 2 片 蛋 7 ～ 8 顆 蔥 1 根 乾香菇 5 ～ 6 朵 醬油醃大蒜 2 個 酒 1/2 杯 醬油 1 又 1/2 杯 味醂少許 泡開乾香菇的湯汁和水

作法

1. 雞腿肉抹鹽，切成一口大小，醃半天後燙過。
2. 蛋煮熟，去殼。
3. 蔥、醃大蒜切碎。乾香菇以溫水泡開，切成大方塊，泡過的水留著別丟。
4. 以中式炒鍋熱油，爆蔥，直至呈金黃色。加入絞肉、乾香菇，炒熟。
5. 準備厚湯鍋，將炒好的料鋪在鍋底約 2 ～ 3 公分，將蛋放入鍋中，並放入雞肉、切碎的大蒜。
6. 平鋪上剩餘的炒料，加入酒、醬油、味醂，倒入泡香菇的湯汁和水，淹過鍋裡的東西。
7. 沸騰後撈除浮渣，滾十分鐘後熄火。
8. 待冷卻之後，撈除浮在上層的油，再加熱 10 ～ 12 分鐘，冷卻之後去除油脂。這個程序重複數次，前後共慢慢燉煮 1 個小時。

製作小撇步

水溫之後加少許醋、鹽，再把蛋放進去煮，可讓蛋保持完整、殼好剝。

⑫【千層腐皮】

素齋的精髓在於纖細微妙的滋味，不是每個人都能享受素齋。辛永清父親篤信神佛，終年吃早齋，與寺廟素有深交，對素齋也有獨到的見解。對於紅桃姑所做的素齋料理與為人，深感佩服，因此有時家裡宴客會請紅桃姑幫忙。也曾經在壽辰宴客時，請紅桃姑準備料理。

材料

生豆皮 600 公克 竹筍（煮熟）400 公克 乾香菇（大朵）20 朵 醬油 5 大匙 砂糖 1 大匙 胡椒少許 麻油 1 大匙

作法

1. （製作夾在豆皮中的香菇餡）乾香菇以水泡開，切碎，竹筍也切碎。
2. 加 3 大匙植物油進中式炒鍋熱油，花一點時間將香菇、竹筍炒香，加入醬油、砂糖、胡椒、麻油。
3. 準備與豆皮大小相當的淺方盤，鋪上 1 張豆皮。
4. 將少許香菇餡平均撒 在整張豆皮上，再疊上 1 張豆皮，然後重複疊上香菇餡、豆皮（生豆皮 100 公克大約有 5 張，因此最好先將香菇餡依豆皮張數平均分配好）。
5. 疊好之後，以重物壓約半天。一開始輕，再慢慢加重。大約從 1.5 公斤慢慢加到 3 公斤。
6. 壓完之後，將豆皮連淺方盤直接放入蒸籠，蒸約 30 ～ 40 分鐘。蒸好之後豆皮會變得十分扎實，便可用菜刀分切。

製作小撇步

這道素菜要將好幾張生豆皮疊起來，薄薄的生豆皮容易破，處理的時候要特別小心。以重物加壓時，另外準備一個淺方盤，先放上淺方盤再壓，便可平均施壓，壓力要平均，成品才會平整，切塊時，內餡才不要掉落。分切好的千層腐皮可直接上菜，淋上糖醋醬又是另一道菜，裹上麵衣像天婦羅一樣油炸又是另一道菜，可以有三種變化。

【更多辛家味上菜嘍！】

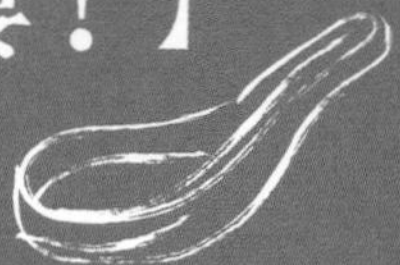

〈父親的生日〉

豬腳湯

辛家壽宴中餐桌上一定會有的另一道料理。將豬小腿切塊，以大量的酒和鹽調味，在砂鍋裡燉到爛。豬腳燉爛了再加麵線來吃。這道料理的麵線不截短切齊直接煮。

蒸豬腦

用竹籤以捲動的方式仔細剝除薄膜，放進蒸籠的手法要輕，否則豬腦會四分五裂。

糖醋豬腦

用竹籤以捲動的方式仔細剝除薄膜，小心將豬腦依不同的部位分開，切成方便入口的大小。一塊大約切成六小塊，裹上麵衣油炸後勾糖醋芡。

童子尿泡蛋

傭人阿英打聽到的偏方，治癒了辛永清母親的久咳。用的是辛永清哥哥兒子的童尿。把蛋酒泡在三、四歲小男童的尿裡一整晚，翌日早上在小鍋裡加水將冰糖煮沸，做成蛋酒來喝。這種療法的重點是喝完之後還要熟睡一、兩個鐘頭。

〈血液料理知多少？〉

豬血菜絲湯裡的「白粿」

● 材料

米（盡可能用黏性低的，也就是進口米）10杯　水8～9杯

● 作法

1. 米洗淨，泡水1晚。
2. 將米瀝乾，加水以果汁機打成液狀。

3. 模具（木製或不鏽鋼製）放進蒸籠，鋪濕茶巾，煮開大量的水加熱。
4. 待蒸籠熱度夠了，將米漿倒進模具中，先以大火蒸30分鐘，再以中火蒸1小時（途中要注意熱水是否燒乾）。
5. 以竹籤刺入，再由沾在竹籤上的米漿來判斷，亦可試吃，沒有生味即可。
6. 連茶巾帶粿一起取出，放涼後取下茶巾。先在菜刀上抹油再切片。

〈淺談內臟料理〉

腦髓湯

將柔軟的腦輕輕放入容器中，加入鹽、酒與上等高湯，再滴入薑汁，隔水加熱。烹調方式便是如此簡單，但這個作法最能品嚐腦髓的美味。

豬耳朵

將毛剔乾淨之後，以蔥、薑等辛香料一起水煮去腥，待涼之後切絲，與薑絲同炒，便成為一道擁有脆脆口感的特殊料理。

豬頭皮

從正中央對半剖開。就像做紅燒鯛魚頭那樣，從中一分為二。在大鍋裡煮熟後，德國人會切碎做成香腸，我們則喜歡切薄片蘸大蒜醬油來吃。將水煮過的再滷製成醬油口味，也別有一番風味。

牛舌、豬舌

首先將黏液與腥味完全去除。牛舌必須剝除一層皮，豬舌則只要確實去除黏液便可直接使用。如果是極新鮮的舌頭，水煮後直接切片。醬油中加入大蒜末、蔥末、研碎的蝦米或切碎的榨菜，再加上薑汁，蘸醬吃。這道菜最適合當前菜或下酒菜，除此之外亦可煙燻、快炒，做成香腸，可中可西，用途廣泛。尤其是西式燉菜，在日本也是相當受歡迎的料理，有時做了燉菜卻發現舌頭怎麼也燉不軟，這時候便臨時拿來做中菜。切絲後加薑、蔬菜來炒，即使是燉不軟的舌頭也可以很好吃。

豬肺

沖水洗淨，以口吹或打氣的方式將太白粉水灌滿每一吋豬肺，再將豬肺開口綁緊，放入大鍋裡以七十度水溫慢慢煮熟以免脹破，待差不多熟了之後，再轉大火。煮好的豬肺直接切成薄片，以生魚片的吃法吃，也可和蔬菜一起拌炒，是萬用的好材料。我最喜歡的是準備大量的嫩薑絲，豬肺也切絲，炒成仔薑豬肺，沿鍋緣嗆入酒和醬油，再以少許辣椒粉調味。

心臟

新鮮心臟，水煮後像生魚片般切來吃即可。滴了薑汁的醋醬油，或是在生醬油裡加大蒜泥，再不然也可以在醋裡加薑、香菜、大蒜等各式辛香料，蘸取自己喜愛的蘸醬來吃，應該是最美味的吃法。若想吃重口味的，把豬心加蔥、薑燙熟後，再用中式炒鍋來煙燻。以紅茶老茶茶葉、米、砂糖代替木屑來燻。

豬心

將豬心剖開，再四處多劃幾刀，夾入韓國人參片，加少許水和鹽蒸好之後，切片連湯一起吃。

豬肚

首先要用蔥、薑、花椒粒和米酒將外側搓揉洗淨，再將裡面翻出來，耐著性子搓洗。光是洗去黏液便是一大工程，要將細微皺褶深處的黏液也仔細搓洗乾淨。豬肚料理最忌性急，必須預留充分的時間來做事前準備。準備工作徹底完成之後，以蔥、薑煮開，去除腥味，再來就可以做出無數美味料理了。

在豬肚中填塞燉煮，也可切薄片蘸喜愛的辛香料來吃。以醬油、八角滷的豬肚非常可口，與乾鮑魚一起燉的湯更是堪稱絕品。也有甲魚、豬肚合璧的奢華燉煮料理，甲魚非魚非肉、不可捉摸的味道，與個性強烈的豬肚是絕配，產生美好的口感。

豬小腸

將小腸切成適當的長度，從一端塞進另外一端，就會看到一個甜甜圈狀的小環成品。做出大量的環，與豬五花肉和大蒜一起滷。成品既可愛又好吃，辛家孩子們都很喜歡。

〈年菜〉

祝年清湯

以鮑魚、竹筍、蝦丸、鴨兒芹、蝦夷蔥等作為配料

過年好夢甜點

將凝固的奶黃糕切成長方塊油炸，再灑上芝麻糖。這道甜點口感極佳，綻放著金黃色的光芒。因為材料是軟的，成品若可以維持長方型四角都完好無缺，香噴噴、金光閃耀的一大盤送上桌的時候，就最完美了。

〈惠姑〉

素菜米粉

米粉的品質好壞差異極大，以麵條根根分離、色白者為佳。加了油豆腐的炒青菜炒好後先將料盛出，將泡開得恰到好處的米粉放入剩下的湯汁中炒，待米粉吸附了湯汁，再與剛才盛起的菜料混合盛盤。米粉泡過頭便無法吸附湯汁，因此米粉泡開的程度便是這道菜的關鍵。以沙拉油和麻油取代豬油，最後灑上大量的炒芝麻，香噴噴的台灣名菜：炒米粉便完成了。

炒淡竹筍

這道菜是大膽至極快手的惠姑的拿手好菜，辛永清認為沒有人會做得比她好。作法是將酸筍和大蒜、蝦米一起拌炒。重點在於要精挑細選出又肥又嫩，醃得恰到好處的酸筍。

〈大家庭的廚房〉

鳳梨豬皮

辛永清母親的獨門料理。先將豬皮曬到乾透再炸，若炸得好，便會膨脹為原來的三倍，接著慢慢熬煮，就會變得又軟又綿，再和鳳梨一起燴炒。大都是做成糖醋口味，偶爾也會做成咖哩口味。

炒菜瓜

用新鮮的小蝦或是蝦米，加上大蒜末、豬肉絲炒香之後，放入菜瓜，耐心慢慢炒。用一點鹽和一點酒調味即可。把這道「炒菜瓜」加在快煮好的粥裡，便是「菜瓜粥」。最適合給孩子、老人及病人食用，在「炒菜瓜」的淡鹽味中加上些許胡椒或麻油，不僅易於消化，連食欲不振的人也會意外地胃口大開。

蝦米苦瓜

是一道將蝦漿填在苦瓜裡蒸煮的料理。將苦瓜剖半汆燙，挖除瓤。填入加有香菇、蛋、太白粉的蝦漿，蒸一個小時。凹凸不平的苦瓜形狀有趣，內餡顏色鮮麗，是一道賞心悅目的料理。若是沒有好蝦子，可以用瘦絞肉來代替。使用絞肉時，要加入蔥末以去除肉腥味。

排骨苦瓜

排骨先炸過，與豆豉和切成大塊的苦瓜煮上整整一個小時。